财智睿读

数字社会基础设施

许正中 等著

中国财经出版传媒集团
经济科学出版社
Economic Science Press
·北 京·

图书在版编目（CIP）数据

数字社会基础设施/许正中等著. --北京：经济科学出版社，2024.5

ISBN 978-7-5218-4324-8

Ⅰ.①数… Ⅱ.①许… Ⅲ.①数字技术-基础设施建设-研究 Ⅳ.①TP3

中国版本图书馆CIP数据核字（2022）第220159号

责任编辑：郎 晶
责任校对：靳玉环
责任印制：范 艳

数字社会基础设施
许正中 等著
经济科学出版社出版、发行 新华书店经销
社址：北京市海淀区阜成路甲28号 邮编：100142
总编部电话：010-88191217 发行部电话：010-88191522
网址：www.esp.com.cn
电子邮箱：esp@esp.com.cn
天猫网店：经济科学出版社旗舰店
网址：http://jjkxcbs.tmall.com
北京季蜂印刷有限公司印装
710×1000 16开 14.25印张 220000字
2024年5月第1版 2024年5月第1次印刷
ISBN 978-7-5218-4324-8 定价：58.00元
（图书出现印装问题，本社负责调换。电话：010-88191545）

前　　言

纵观人类演进史，文明替代的速度越来越快，从原始文明的几万年到农业文明的几千年，再从工业文明的几百年到如今数字文明的快速装备，每一次新文明的诞生都代表着技术形态的重塑和社会结构的彻底变革。纵观人类文明发展史，科学技术创新始终是产业革命、社会变迁的根本驱动力。每一次技术革命都会产生新质生产力，带来人类社会的巨大进步，开创人类文明的新纪元。早在《共产党宣言》中，马克思就指出了科学技术在经济发展过程中的巨大作用，他认为，把新发明、新工艺、新技术、新方法等技术创新成果渗透到生产力的各个要素，可以节约成本，提高劳动生产率，推动经济快速发展，使社会不断进步。

在原始文明时期，由于生产力低下，捡到一块合适的石头就是一项重大科技成果，没有科技的概念。正是科技的昌明把人类从蒙昧带到了文明，人类在利用科技认识世界、改造着自身的同时也改造着世界。时空跳跃，当人类步入农业文明和工业文明以后，科技对文明的力量得以彰显，社会生活发生了重大改变，文明演化也走向了快车道。数字文明作为继原始文明、农业文明、工业文明后的第四次文明主形态，是一种基于大数据、人工智能、云计算、物联网、区块链、3D 打印等新一代技术，以高科技为主要特征的文明形式，核心是网络化、信息化与智能化的深度融合。中国共产党人和中国政府高度重视数字技术发展，习近平总书记深刻指出：“当今世界，新科技革命和全球产业变革正在孕育兴起，新技术突破加速带动产业变革，对世界经济结构和竞争格局产生了重大影响……如果实现了通过互联网平台汇集社会资源、集合社会力量、推动合作创新，形成人机共融的制造模式，那将使全球技术要素和市场要素配置方式发生深刻变化，将给产业形态、产业结构、产业组织方式带来深刻影响。”[①] 2016年，习近平总书记在二十国集团领导人杭州峰会上首次提出发展数字经济的倡议，并推动制定了《二十国集团数字经济发展与合作倡议》，为世界经济注入了新动力。

基础设施是人类文明演进的底座，在改善人民生活水平、促进经济发展、推动社会进步等方面起着至关重要的作用。正如英国著名经济学者佩雷斯所说的：“一次产业革命，一代基础设施。”率先构筑铺就数字社会基础设施，不争自奋，终成中流砥柱，需要强调的是，数字基础设施是以产业的形态市场化供应的。当前，基于通用大模型技术的ChatGPT等产品带来从学习知识到创造知识的“跃迁式”变革，在提高生产力水平、丰富物质供给的同时，也正在塑造一个全新的人类文明形态。中国已成为世界上数字经济最为发达的国家之一，数字经济的规模稳居世界第二。尽管如此，人类仍处于工业文明走向数字文明的路上，全球仍处于新一轮产业革命第一阶段，未知大于已知。数据技术的集成、交互构建起了技术型、安全型、制度型等新型数字社会基础设施。以其为底座，只要抓住先机、抢占未来产业发展制高点，中国将有望成为数字文明的探路者、引领者，必将为深层次赋能新型工业化、建设现代化产业体系提供有力支撑，从而实现中华民族的伟大复兴，同时也为人类的发展做出中华民族应有的贡献。

---

① 习近平关于网络强国论述摘编［M］. 北京：中央文献出版社，2021：105.

目　录

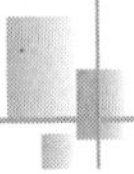

架构网信基础设施，引育新型产业集群

在《复杂经济学》一书中，布莱恩·阿瑟对新经济形成的过程进一步诠释：经济是其技术的表达，经济是从它的技术中涌现出来的，经济不仅必须随着技术的进化而重新调整适应，而且还必定会随着技术的进步不断地形成和重构，从而引发经济范式革命，催生新的经济形态不断涌现。[①] 以云计算、物联网、大数据和区块链组成的技术束，推动了经济范式变革和经济运行方式变革，数字经济进入发展的快车道，与之相适应的基础设施也迎来了新革命。

新型基础设施是数字经济战略之基。习近平总书记强调，“要加快新型基础设施建设，加强战略布局，加快建设高速泛在、天地一体、云网融合、智能敏捷、绿色低碳、安全可控的智能化综合性数字信息基础设施，打通经济社会发展的信息‘大动脉’”。[②] 以数字新基建为底层架构的经济和社会活动形成了一个庞大的、快速演化的生态体系，这一生态体系不断突破既有基础设施的特征，是多种技术、功能、设施的融合体。

架构数字时代新型基础设施体系，是数字社会、生产力发展和经济

① 布莱恩·阿瑟．复杂经济学：经济思想的新框架［M］．贾拥民，译．杭州：浙江人民出版社，2018.

② 习近平．把握数字经济发展趋势和规律　推动我国数字经济健康发展［N］．人民日报，2021－10－20（1）.

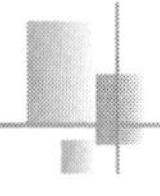

成长的条件。经济形态的每一次变迁，都会引发新一轮基础设施变革和建设浪潮。2020 年 2 月 14 日，中央全面深化改革委员会第十二次会议指出，基础设施是经济社会发展的重要支撑，要以整体优化、协同融合为导向，统筹存量和增量、传统和新型基础设施发展，打造集约高效、经济适用、智能绿色、安全可靠的现代化基础设施体系。数字时代的基础设施，是集技术性、制度性、安全性和融合性于一体的巨复杂系统，支撑着数字强国建设和数字社会发展。在以人工智能、云计算、区块链等为代表的新技术“核聚变”的作用下，新一代通信网络基础设施、算力基础设施等技术基础设施推动数字化应用场景落地，数字基础设施本身即是一种服务，在商业化和产业化过程中，会不断催生新业态新模式，形成一个庞大的技术基础设施产业集群。

第一节　数字时代赋予数字社会基础设施新内涵

基础设施是现代经济社会的底层支撑系统。云计算、物联网、区块链和大数据等数字技术的整体涌现，使得数据成为新的生产要素，带来了新的经济结构和新的制度安排。在数据驱动下，经济社会步入了万物互联、平台聚力、广泛赋能的数字时代，传统基础设施需要系统性、质的“代际”升级，同时，也需要新的数字化、基础性、公共性、通用性和赋能性基础设施支撑体系以及数字社会配套的制度安排为数字经济和社会发展提供底层支撑，架构起数字时代新型的集技术性、融合性、制度性和安全性于一体的综合基础设施体系。

一、基础设施的内涵

基础设施作为经济社会发展和运行的底座和轨道，是一系列组织机构、制度标准和公共服务基础设施的综合体系。“基础设施”这一概念最早由经济学家罗森斯坦·罗丹提出。根据对社会资本的划分，罗森斯坦·罗丹认为基础设施是一种社会分摊资本。钱纳里根据对社会产业部门的分类，认为社会基础设施是非可交易部门的重要组成部分，主要包

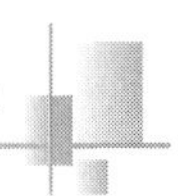

括水、电、煤气业、运输业、建筑业等。1982年，麦格劳—希尔（McGraw - Hill）图书公司的《科学技术百科全书》对基础设施做出了更广泛的界定，其立足于服务社会发展的范畴，将基础设施定义为：那些对产出水平或生产效率有直接或间接提高作用的经济项目，主要内容包括交通运输系统、发电设施、通信设施、金融设施、教育和卫生设施，以及一个组织有序的政府和政治体制。随着基础设施的内涵不断丰富，约束和协调人们行为的一系列法律法规、经济制度、政策法规、管理制度等保障社会运行的基础，统称为制度性基础设施。①

基础设施是社会运行和经济发展的基础保障和先行资本，每一次科技和技术革命引发的社会和经济革命，都会带来新一轮基础设施变革和建设浪潮。18世纪60年代，以蒸汽机作为动力机被广泛使用为标志的第一次工业革命爆发于英国，英国诞生了世界上第一条铁路——“斯托克顿—达林顿”铁路，随着“铁路时代”的迅速到来，英国的工业实现了腾飞。19世纪70年代后，以电力的广泛应用为标志的第二次工业革命爆发，汽车、高速公路相继出现，人类社会的沟通效率得到极大提升。20世纪70年代，随着计算机及信息技术的出现，第三次工业革命拉开了序幕，世界上第一个因特网和第一条光缆相继在美国建成。1993年9月，美国政府制定了一项国家信息基础设施（national information infrastructure，NII）的高科技计划，目的在于以因特网为雏形，兴建国家的“信息高速公路”。该计划部署了“因特网—II”“下一代互联网”等建设项目，这为后来美国引领信息产业革命奠定了基础，一批信息科技巨头（如苹果、谷歌、脸书、微软等企业）涌现，并牢牢占据全球信息技术产业战略制高点。

二、数字社会需要构筑全新的基础设施体系

在技术变革的背景下，生产方式及其所对应的技术和系统都会发生相应的变化。马克思在《资本论》中写道：“各种经济时代的区别不在

① 王保乾，李含琳．如何科学理解基础设施概念［J］．甘肃社会科学，2002（2）：62 - 64.

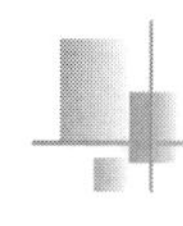

于生产什么，而在于怎样生产，用什么劳动资料。”① 数字时代与工业时代最大的区别在于，数据作为一种新的生产要素，与工业时代的劳动、土地、资本等生产要素不同，其具有边际成本趋于零、多元二重性等特征。数据驱动以及在技术赋能的使能作用下，传统产业的边界逐渐模糊化，产业边界不断被拓展，数字化正不断渗透到各行各业，这也将生产、分配、流通、消费等环节统一在数据层面。数据所依赖的基础设施是一项重要的国家资产，需要防范安全风险。在5G、人工智能、物联网、大数据等前沿技术应用整体涌现时，全球数字信息技术浪潮又一次来到历史起点，新产业革命的技术基础是以技术突破应用为主导、大量相互作用的技术组成的高新技术簇群，以数字技术为底层架构的经济和社会活动将形成一个庞大的、快速演化的生态体系，这一生态体系将不断突破既有基础设施的特征，新一轮的基础设施、话语权和影响力、发展制度与治理观念的重构和革新也将随之开启。

三、数字社会基础设施是融合性、技术性、安全性和制度性的综合系统

现代社会经济体系架构在基础设施之上，从工业时代到数字时代，技术—经济范式转换必然打破原有的技术基础、产业基础和制度基础，导致新旧规则的协调或震荡，因此迫切需要新的基础设施支撑体系。②传统基础设施主要指铁路、公路、机场、港口、管道、通信、电网、水利、市政、物流等基础设施。而与传统基建相比，数字时代的基础设施实质上是在保障人流和物流的基础上增加了数据流，在确保安全的基础上，实现数据资产的价值化过程，推进经济社会数字化进程，需要新型基础设施体系的强大支撑，③④ 这就需要打造数字时代的数字高速“公

---

① 马克思．资本论（第1卷）［M］．北京：人民出版社，2004：210.

② 闫德利．“新基建”：是什么？为什么？怎么干？［EB/OL］．（2020－03－19）［2020－04－15］．https：//www. tisi. org/13457.

③ 刘尧，许正中．数字社会的六大变革［N］．学习时报，2020－12－25（3）.

④ 王驰，曹劲松．数字新型基础设施建设下的安全风险及其治理［J］．江苏社会科学，2021（5）：88－99＋242－243.

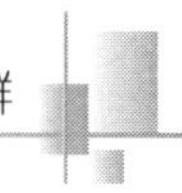

路”，架构新型数字技术底层基座、数字化赋能的融合基础设施、保障社会经济运行的制度基础设施，以及国家安全与治理基础设施的综合体系。[①] 进一步细分，其主要包括四大类：第一类是有系统性、质的“代际”飞跃特征的数字技术基础设施，包括人工智能、区块链、云计算、大数据和物联网（简称 ABCD 技术）等现代信息通信网络，智能技术束共同构成的互联互通、经济适用、自主可控的分布式、智能化的技术性基础设施体系。第二类是数字社会融合性基础设施，即传统基础设施的数字化升级，通过技术赋能使传统基础设施网络由条块分割状态升级为集成共享的泛在融合基础设施体系。第三类是数字社会制度性基础设施。要围绕数据流通、技术标准、安全制度等制度设计，[②] 建立数字时代的标准、规则、政策、法律法规等制度性基础设施。第四类是安全性基础设施，数字时代的网络安全已经不是传统的信息安全、系统安全，而是网络风险威胁与现实各方面交织融合的总体安全。[③] 数字经济的安全性基础设施能够保护数据安全，进而保护个人、组织权益，以及国家主权、安全、发展利益，构筑起数字时代的安全网。

四、数字社会基础设施体系支撑数字强国建设

不同类型基础设施互为补充，形成同步混合运动，为数字经济的发展提供系统性和全面化的“底层基座”。随着数字时代虚拟网络空间的出现，人类经济和社会生活的场所拓展到物理空间、社会空间和网络空间共同组成的三元立体界面，抢占网络空间的规则主动权和技术优势以及维护国家的网络安全成为建设数字强国的重要保障。

数字社会基础设施是实现经济社会数字化转型的基础，是打通数字经济发展信息“大动脉”的关键。打通大动脉，实现万物感知、万物

---

① 潘教峰，万劲波．构建现代化强国的十大新型基础设施［J］．中国科学院院刊，2020，35（5）：545－554.

② 潘教峰，万劲波．新基建如何实现代际飞跃［J］．瞭望，2020（16）：39－41.

③ 周鸿祎．建立新一代安全能力框架形成国家网络空间“反导系统”［EB/OL］．（2021－07－27）［2022－05－11］．https：//www.360kuai.com/pc/966b0f17d0e689110？cota＝3&kuai_so＝1&sign＝360_57c3bbd1&refer_scene＝so_1.

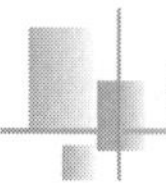

互联、万物智能，实现以数据流带动技术流、资金流、人才流、物资流，在更大范围内优化资源配置效率，促进不同产业跨界交叉、渗透、融合，这将彻底改变产业原有的价值创造方式。一是提供底层平台化支撑，通过构建全域覆盖的互联互通网络，提供泛在、智能、协同、高效的信息网络保障，实现更开放的跨区域跨行业数据共享，为不同市场或社会主体打造资源性、融合性、技术性、服务性为一体的商业生态系统提供平台支撑。二是价值赋能，提升公共服务、社会治理等领域数字化智能化水平，对工业、农业、交通、能源、医疗等垂直行业赋予更多、更大的发展动能和势能，产生明显的催化、倍增和叠加效应，其渗透范围更广、程度更深。三是创新驱动，数字社会的技术性基础设施本身是一组互联互通的技术束或集群网络，其内部不断实现动态的迭代升级，同时，通过与新材料、新能源等科学技术的交叉融合，必将带来整体性、颠覆性的技术创新，极大地提升技术创新的速度和浓度，以技术创新不断驱动产业结构高级化和产业体系现代化发展。

第二节　网信技术性基础设施是数字社会的技术支撑

布莱恩·阿瑟指出，经济涌现于它自身的安排和自身的技术，经济就是它自身技术的表达，当一个新的技术进入经济，它会召唤新的安排——新技术和新的组织模式。[①]

一、数字社会技术性基础设施的新内涵及新特征

数字时代的技术性基础设施以云计算、物联网、大数据、区块链、人工智能等数字技术组合成的智能技术群，搭建数字经济和社会运行的基础支撑底座。其在层次上，呈现从物理层向平台层延伸的特征；在功

---

① 布莱恩·阿瑟．技术的本质：技术是什么，它是如何进化的（经典版）［M］．曹东溟，王健，译．杭州：浙江人民出版社，2018.

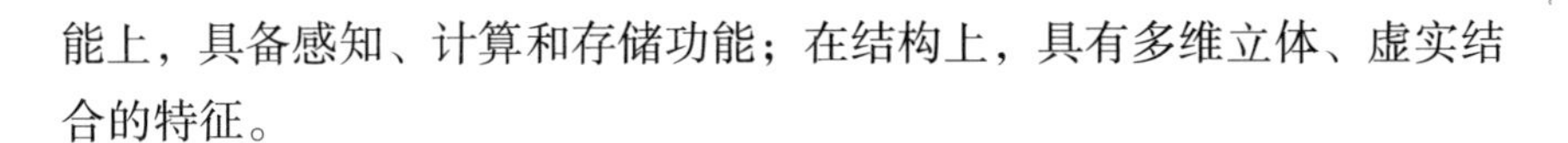

能上，具备感知、计算和存储功能；在结构上，具有多维立体、虚实结合的特征。

（一）数字社会技术性基础设施新内涵

技术性基础设施主要指共性技术、基础技术和通用技术，其支撑数字社会基础“大厦”的底座。布莱恩·阿瑟在《技术的本质》一书中将技术定义为：“实现目的的一种手段，是一种装置、一种方法或一个流程，其目的是提供某种功能，即执行某一类任务”。[①]“技术性”是指技术性基础设施所提供服务的性质是一种技术性的服务，是区别于传统基础设施（如运输、交通、电力等）和诸如人力资本因素等的服务。[②]技术性基础设施是一个集体共有的、特殊的、与产业能力相关的服务体系，是提高企业（或产业）的技术能力而必要的服务系统；如塔塞（Tassey）将之分为基础技术和共性技术；嘉世曼和特巴尔（Justman and Teubal）认为技术性基础设施包括基本技术基础设施（basic TI）和高级技术基础设施（advanced TI）等。技术性基础设施即基础技术或共性技术等在现代社会中承担着基础性和支持性的作用，并且也越来越凸显其重要性功能。数字时代的技术是一个体系的概念，即云计算、大数据、人工智能、区块链、物联网、5G 等数字技术之间相互嵌套、相互融合组成技术束或技术集群，呈现指数级增长，并在不断组合中迭代出新的技术组件和合力，驱动数字新经济快速高质量发展。

数字时代的技术性基础设施为新技术引领的数字化发展提供基本的能力支撑，实现新的信息技术核心要素的低成本接入，并解决其作为一种基础公共服务的实现和交付。数字技术组成的技术集群，在不断融合重组中创造出新的技术组件，共同构成互联互通、经济适用、自主可控的分布式、智能化的技术性基础设施体系，驱动经济社会发生迭代式变革。

---

① 布莱恩·阿瑟．技术的本质：技术是什么，它是如何进化的（经典版）［M］．曹东溟，王健，译．杭州：浙江人民出版社，2018.

② 蔡乾和，黄英，徐海琛．技术基础设施的概念、类型及政策框架［J］．湖北函授大学学报，2012，25（8）：69－70.

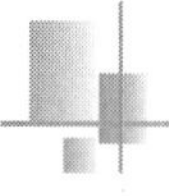

（二）数字社会技术性基础设施新特征

在层次上，技术性基础设施的层级逐渐从物理层向平台层延伸。例如，包括各类云计算、大数据平台和数据中心在内的横向分层的数字化平台，涌现出了平台及服务、基础设施及服务的新型服务模式，为新形态经济的创生和发展提供更加适配的平台化支撑，这将彻底改变产业组织方式和经济运行规律，通过平台网络效应的发挥，对经济发展发挥放大、叠加、倍增、融合等作用，[①] 推动产业发展朝着平台化、生态化和开放式的方向发展。

在功能上，数字社会的技术性基础设施需具备感知、计算和存储功能。在技术性能上，要实现数据生产要素的自由流动、泛连接。数字时代的本质特征在于数据成为新的生产要素，“数联网”强调的是单个大数据节点间的互联，强调的是群体的处理能力，这两者相辅相成，共同培养数据的处理、分析能力。

在结构上，技术性基础设施多维立体、虚实结合。数字时代，物理世界通过深度交融、综合提升，与更高层次的网络空间实现精准映射，在网络空间中形成更具智慧的虚拟空间。通过不断地循环嵌套，形成了“物理空间—数字空间—信息空间—智能空间—智慧空间”梯级涌现的逻辑。[②] “天地一张网”基于空间组网、天地融合、系统优化的构建方法，打破了独立网络间的数据共享壁垒，实现了全域广覆盖的软硬件之间的互联互通，能够快速推动技术创新、自主可控和产业发展，成为实现我国信息网络服务全球化的重要途径。

二、高速、泛在的网络体系支撑数字强国建设

“双千兆”即“5G＋千兆光网”的网络设施实现了数据接入、传输和转发的高速体验，为工业互联网、数字孪生网等人、网、物三元互联

---

① 郭朝先，王嘉琪，刘浩荣．“新基建”赋能中国经济高质量发展的路径研究［J］．北京工业大学学报（社会科学版），2020，20（6）：13－21.

② 薛惠锋．从“互联网”到“星融网”：在党的十九大旗帜下迎接网信强国的未来［J］．网信军民融合，2018，4（1）：26－29.

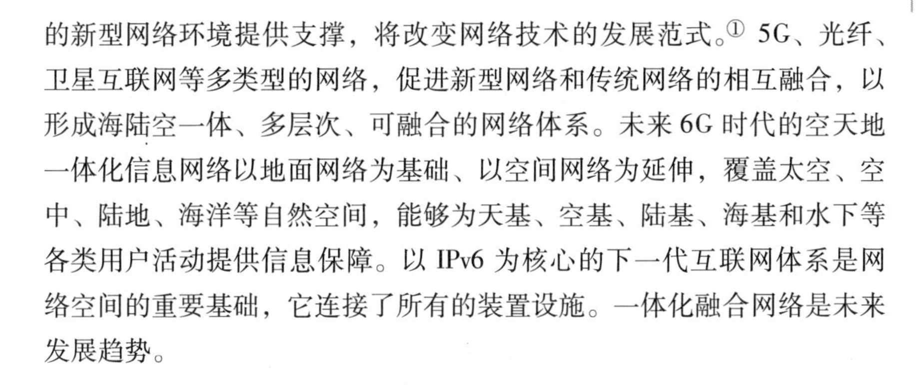
的新型网络环境提供支撑，将改变网络技术的发展范式。[①] 5G、光纤、卫星互联网等多类型的网络，促进新型网络和传统网络的相互融合，以形成海陆空一体、多层次、可融合的网络体系。未来6G时代的空天地一体化信息网络以地面网络为基础、以空间网络为延伸，覆盖太空、空中、陆地、海洋等自然空间，能够为天基、空基、陆基、海基和水下等各类用户活动提供信息保障。以IPv6为核心的下一代互联网体系是网络空间的重要基础，它连接了所有的装置设施。一体化融合网络是未来发展趋势。

三、算力是数字强国的核心竞争力

在数字经济时代，国家的核心竞争力是以计算速度、计算方法、通信能力、存储能力、数据总量来衡量的，即算力代表国家的竞争能力。[②] 数据是新科技革命和产业变革中社会经济运行最重要的投入要素，新的要素资源参与生产和分配，而算力和算法则构成新的生产函数，共同决定数据要素转化为经济社会价值的效率和效果，更高的算力决定了更大的数据容量和更高的价值转化率。[③] 算力基础设施是生产算力的场所，为社会经济的数字化转型提供算力服务。算力网络提供多维资源服务化供给，基于无处不在的网络，将大量闲散的资源连接起来，进行统一管理和调度。算力网络将为智慧地球提供数字动力。而未来大量碎片化、分散化的算力、存储空间等资源，会通过网络进行整合，为业务提供便捷的即时按需服务，从而实现云网边端的高效协同、服务灵活动态部署和用户服务体验的一致性。同时，利用以边缘计算、区块链为基础的技术来构建的分布式算力网络架构可以满足数字经济时代产业应用的去泛在化等需求。

---

① 中国电子信息工程科技发展十四大趋势发布［J］. 网信军民融合，2021（1）：55.

② 吕廷杰，刘峰．数字经济背景下的算力网络研究［J］. 北京交通大学学报（社会科学版），2021，20（1）：11－18.

③ 雷波，赵倩颖，赵慧玲．边缘计算与算力网络综述［J］. 中兴通讯技术，2021，27（3）：3－6.

第三节　融合基础设施是产业数字化转型的基石

融合基础设施是指技术赋能传统基础设施，在云计算、大数据、区块链、物联网等数字技术的共同作用下，实现传统基础设施的升级迭代，将数智化、网络化、平台化的方式叠加在原有物质型基础设施之上，使交通、能源、通信、市政、社会等领域的传统基础设施插上数字智能的翅膀，拓展传统基础设施数字服务空间和效率。

一、融合基础设施的内涵

融合基础设施是数字技术束赋能下传统基础设施的智能升级版。其在数据驱动下，通过数字技术赋能水网、电网、能源网和交通网等传统基础设施，将传统基础设施网络由条块分割的状态转变为集成共享的协同融合发展的状态，达到在物理层融合、业态层创新以及动力层耦合，实现结构网络化、功能高效智能化和运行平台化，形成广泛互联、智能高效、开放共享的融合型基础设施体系，是基础设施的高级形态和“升级版”。[①] 借助规范性机制，可实现精准判断、实时感知、风险预警，从而提高传统基础设施的运行效率、管理效率和服务能力。

二、网信融合基础设施支撑传统产业实现数字革命

新一代信息通信技术与能源、交通系统不断集成融合，催生了自动驾驶、车联网、绿能数据中心等新应用，加快了智慧能源、智慧交通、智慧水利等新兴产业的发展，通过发挥“互联网＋”的数字化优势和“＋互联网”的跨产业集成优势，广泛赋能传统产业，对经济社会发展发挥颠覆性的叠加、倍增效应。

---

① 刘佳骏．融合基础设施让“传统”走向“智慧”［N］．中国城乡金融报，2020－06－05（A7）．

（一）融合基础设施下的未来智慧交通

通过新一代网信技术融合赋能传统交通基础设施，使数据连通海、陆、空立体式交通网，可实现不同交通工具的互联互通，催生“出行及服务”的新模式，实现门到门的出行智能管理。通过将数字技术融合于传统交通网，使无形的网络为有形的路网赋能，不仅能够实现车路协同，还能够实现“人—车—路—网—云”五维高度协同，实现交通网络整体性、系统性、集成性智能化升级，推动传统基础设施、载运工具和运输服务全产业链的数字化转型。

（二）融合基础设施支撑能源产业数字化革命

随着5G、工业互联网、数据中心、人工智能等信息基础设施与能源基础设施深度融合，形成输出电力、算力、智力的新型能源互联网基础设施。[1] 能源领域的技术框架和互联网、通信领域的技术体系紧密融合，传统能源基础设施和数字技术深度融合，能够带来“能源”和“数据”两大要素的融合，呈现出智慧能源的信息—物理融合特性。这将带动诸如能源大数据、能源区块链、5G能源信息网等一批新技术支撑体系的发展和应用，[2] 实现能源系统内外多元主体的开放接入、广泛互联，有效贯通与整合不同主体间的信息流、业务流、能量流，[3] 打造互惠共赢的能源生态圈，为新业态与新模式的打造、更大范围内的资源优化配置提供有利前提，形成端到端的分布式双向能源系统，打造系统集成、去中心化、绿色高效、多能互补、储能与智能控制的新型能源基础设施，[4][5] 推动能源产业革命。

---

① 仝晓波．能源新基建新在哪？这些行业大咖告诉你！［N］．中国能源报，2020－09－28（30）．

② 于灏，刘键烨．能源数字经济发展迎来强大推动力［J］．国家电网，2020（8）：49－50．

③ 国家电网办．国家电网有限公司关于新时代改革“再出发”加快建设世界一流能源互联网企业的意见［EB/OL］．（2019－1－21）［2022－5－11］．http：//www．sgcc．com．cn/．

④ 孙艺新．发展能源电网新型基础设施建设的战略方向与行动建议［J］．中国电力企业管理，2020（10）：22－25．

⑤ 周孝信．新一代电力系统与能源互联网［J］．电气应用，2019，38（1）：4－6．

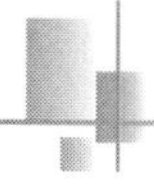

（三）网信融合基础设施支撑智慧水网

将网信融合基础设施应用到水资源管理的场景中，能够实现物理水网、信息水网与业务水网的贯通，构建天地一体化水利感知、分析、监测、预警及决策的智能水网。[①] 要在物联网、大数据、云计算、区块链等新技术构建的技术性数字基础设施的支撑下，精准获取和分析水量水质变化，充分挖掘水数据价值，通过水资源数据兼容共享和联动响应，完成对水源、水质、水量的实时监控和实时调度。通过构建全国性的一体化水资源网络，构建覆盖全国的水资源监控平台、输送平台和交易平台，实现以水数据为核心驱动的水务行业商业模式和产品服务创新，实现向数据驱动的水务管理模式转变，实现从源水—输配水—供水—排水—污水全过程全链条规划，提升水资源优化配置和水旱灾害防御能力，加快传统水利及涉水设施智能化升级，铺就覆盖全国的地下水一体化智能监测网络，构建水资源空天地一体化立体组网。围绕水数据从采集、传输、存储、共享和应用的全链条展开工作，包括水循环立体信息全面精准感知、多源监测智能组网与动态优化、多源水信息融合与同化、水利及水务大数据组织与知识挖掘等，[②] 在应用终端，实现集水务行政许可、实时监测、动态执法、应急指挥、预警调度于一体的集成应用。

（四）网信融合基础设施支撑社会治理智慧化

智慧城市建设的重点在于智能传感器、智能检测、人工智能（AI）与云计算。融合基础设施放到智慧城市这一场景中，便是借助数据来摸清整个城市的脉络，通过构建城市感知与决策系统，打造作为“城市大脑”的智慧城市功能管理平台，提高城市智慧化管理水平和应急管理能力，提升城市韧性。未来的建设领域主要为：以城市感知设施和综合智慧管廊为切入点，统一建设涉及杆柱、管道等城市感知设施载体，统筹规划多功能信息感知设备建设，构建城市统一杆塔信息平台。

---

① 赵丽．如何加快传统基础设施向“新基建”融合基础设施转变［J］．互联网天地，2020（6）：24－27.

② 许正中，李连云，刘蔚．构建水资源数联网　创新国家水治理体系［J］．行政管理改革，2020（9）：68－77.

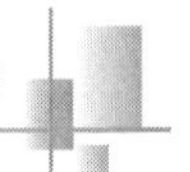

第四节　网信制度性基础设施是数字强国的制度保障

步入数字时代，世界从原来的由物理空间和人类社会构成的二元空间进入到包含信息空间的三元空间，这也带来了治理空间的拓展，推动了秩序形态由算法与代码规制，社会体系架构也逐渐走向泛在融合化。

一、数字社会制度性基础设施的内涵

数字社会制度性基础设施就是适应社会经济发展的各种标准、法律法规体系以及相关的具有约束力的管制机构，以此来约束、协调社会经济发展的一整套上层建筑，是维持一个市场系统正常运作的制度框架。这个框架最重要的两根支柱分别是适应市场经济的各种标准、规则和法律法规，以及受法律法规约束的政府及其管制机构。

进入数字时代，虚实空间的互构使社会发展从对接走向渗透融合，由物理世界的“固态”转向数字化重建的“液态”社会，治理模式由局域走向全域的数字社会治理逻辑，赋予了国家治理体系现代性与“超现代性”的双重面向，带来了数字时代的法制范式转型，[①]法律需要考虑技术标准、数据治理以及网络空间治理等相关制度及机构设置，以提供高效和全面的制度规范，[②] 进而强化数字经济治理的法制保障。

二、数据治理规则是数字社会的关键制度保证

数据成为重要的生产要素，数据治理涉及产权界定、竞争机制、风

① 马长山．数字社会的治理逻辑及其法治化展开［J］．法律科学（西北政法大学学报），2020，38（5）：3－16.

② 赵鹏．数字技术的广泛应用与法律体系的变革［J］．中国科技论坛，2018（11）：18－25.

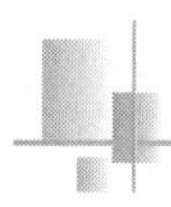

险分担机制以及保证这些机制正常运作的法律体系和管制机构。① 数据呈现出与传统生产要素不同的属性。第一，数据既具有私人产品属性，又具有公共产品属性。作为私人产品，其反映着个体自然人的姓名、肖像、隐私等人格利益；而通过隐私计算的海量个人数据能够转化为可用而不可见的大数据，具有公共产品属性，这些大数据涉及经济发展、社会安全等社会公共利益以及国家主权。第二，数据具有权属分离特性。数据生成过程中涉及多个主体，包括产品服务的供需双方、第三方平台、网络电信运营商等，使得其自生成之时起就同时栖息于多个不同主体。第三，数据消费及生产的过程具有网络效应、综合效应等正外部性。数据的上述特征，使得数据价值化的全生命周期管理过程中存在诸多痛点和堵点。因此，需加快数据确权、数据出入境交易安全、数据分类分级的划分标准和数据有效监管等制度体系建设，提高数字生产要素效率的制度保证，② 加快数据资产化、通证化发展，打造数据要素的规范化应用生态。

三、掌握网络空间治理规则是数字社会建设的核心

制度优势是一个国家的最大优势，制度竞争是国家间最根本的竞争。当前全球网络治理正处于从分散治理向统一治理、从低级治理向高级治理过渡的阶段。美国的域名规则决定了其国际网络话语权和网络霸主地位。顶级域名和地址的分配标准是决定互联网有序运行的关键。20世纪90年代初，美国政府利用市场化方式运作并掌握着互联网域名规则，将互联网顶级域名系统的注册、协调与维护的职责交给了网络解决方案公司（NSI），而互联网地址资源分配权则交给了互联网名称与数字地址分配机构（ICANN），逐渐发展为被广泛认知的“多利益攸关方”模式。③ 美国以ICANN为起点，通过划定域名资源的产权，不断强

① 王保乾，李含琳．如何科学理解基础设施概念［J］．甘肃社会科学，2002（2）：62－64.

② 杨虎涛．数字经济的增长效能与中国经济高质量发展研究［J］．中国特色社会主义研究，2020（3）：21－32.

③ 刘影，吴玲．全球网络空间治理：乱象、机遇与中国主张［J］．知与行，2019（1）：62－67.

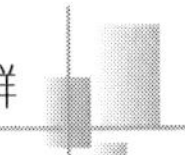

化网络空间的商标权保护制度，建立了包括统一域名争议解决、反对与争议解决程序和域名的统一快速终止程序、商标授权后争议解决程序等制度，使其成为美国的“私有资源”。

第五节　安全性基础设施是数字社会的安全保障

习近平总书记明确指出，“增强网络安全防御能力和威慑能力。网络安全的本质在对抗，对抗的本质在攻防两端能力较量。要落实网络安全责任制，制定网络安全标准，明确保护对象、保护层级、保护措施。哪些方面要重兵把守、严防死守，哪些方面由地方政府保障、适度防范，哪些方面由市场力量防护，都要有本清清楚楚的账。”[①] 这为网络安全事业和产业化发展指明了方向，并提供了根本遵循。为护航制造强国、网络强国及数字中国建设，产业各界共同努力，推动网络安全产业发展进入“快车道”。[②] 新技术可能为进一步的技术建立机会利基，即新技术带来了需要进一步以技术来解决这些问题的需求。[③] 数字社会的安全性基础设施将数据作为核心保护目标，通过网络安全和数据安全共筑数字社会发展的“护城河”和“新城墙”，通过市场化的方式大力发展数字安全产业，构建多主体协同参与、覆盖风险治理全流程的立体化、系统化安全治理体系。

一、安全性基础设施的内涵

技术发展变迁在不断重塑网络空间的同时，也扩展了数字社会安全的内涵——在重视数据安全的基础上，还需要应对新的挑战。随着数字经济发展步伐加快，数字化、网络化、智能化趋势显著，原来封闭的物理隔离已逐步走向算法隔离。网络、应用、数据有了更多暴露面，数据

---

①② 习近平．在网络安全和信息化工作座谈会上的讲话（2016 年 4 月 19 日）［M］．北京：人民出版社，2016.

③ 布莱恩·阿瑟．技术的本质：技术是什么，它是如何进化的（经典版）［M］．曹东溟，王健，译．杭州：浙江人民出版社，2018.

跨境流动、平台数据开放共享以及流动加剧了信息泄露的风险，同时伴随着新业务、新业态的不同应用场景下个性化安全的需要，安全风险呈现出更泛化、安全需求更细化、安全要求更强化的特点。安全风险不仅包括技术保障缺位下的数据安全风险、规则监管疏漏下的算法安全风险，还包括信任变革下社会结构突变的社会风险。伴随着网络环境进入赛博空间（Cyberspace），网络安全是包含设施、数据、用户、操作在内的网络空间整体安全，因此要不断提升内生安全能力，使其具有自主性、自适应性和自生长性。

网络空间的存在已使物理隔离升级为算法隔离。詹姆斯·亚当斯认为：夺取作战空间控制权的不是炮弹和子弹，而是芯片，是鼠标，是计算机网络里流动的比特和字节。① 网络空间是人类通过“网络角色”、依托“信息通信技术系统”来进行“广义信号”交互“操作”的人造活动空间。② 网络攻击具有普世化和全面化的特点，网络基础设施作为数字时代的基础底座，已成为网络攻击的重点目标。数据中心加快云化整合、算力基础设施中海量资源集聚使风险突出。网络攻击已不分时间和地点，攻击影响范围大、波及面广、涉及金额触目惊心，安全泛化向产业领域蔓延，会导致整个产业链停摆或瘫痪。数字技术安全不仅仅局限在应用中，还将涉及公共社会的方方面面，同时，还包括国家竞争带来的围堵与技术路径的分离。

数字社会的安全性基础设施将数据作为核心保护目标，保护数据安全和网络安全，进而保护个人、组织权益，以及国家主权、安全、发展利益。安全基础设施的构建是从风险维度、保护维度和方法维度构建安全体系，以“让数据使用更安全”为目的，通过组织构建、规范制定、技术支撑等要素共同完成网络空间的设施安全、运行安全、数据安全和内容安全建设。③ 要针对数据开放中的安全隐患，建立数

---

① 詹姆斯·亚当斯．下一场世界战争：计算机是武器，处处是前线［M］．军事科学院，译．北京：北方妇女儿童出版社，2001.

② 杨燕婷．中国工程院院士方滨兴　从三维九空间视角重新定义网络空间安全［J］．中国教育网络，2018（10）：14－16.

③ 白利芳，唐刚，闫晓丽．数据安全治理研究及实践［J］．网络安全和信息化，2021（2）：46－49.

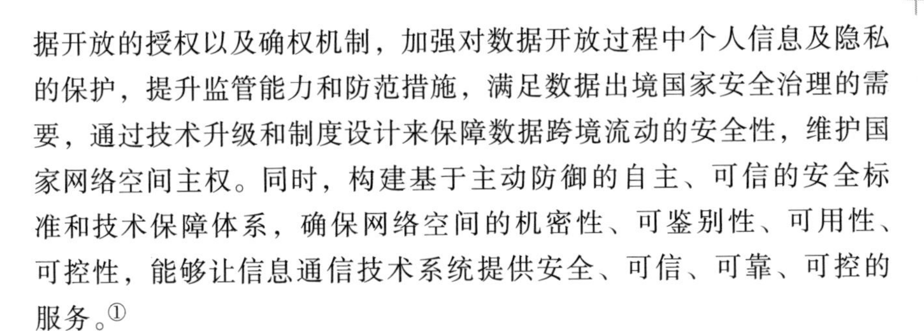
据开放的授权以及确权机制，加强对数据开放过程中个人信息及隐私的保护，提升监管能力和防范措施，满足数据出境国家安全治理的需要，通过技术升级和制度设计来保障数据跨境流动的安全性，维护国家网络空间主权。同时，构建基于主动防御的自主、可信的安全标准和技术保障体系，确保网络空间的机密性、可鉴别性、可用性、可控性，能够让信息通信技术系统提供安全、可信、可靠、可控的服务。[①]

二、数据安全治理已成为事关产业发展、国家主权的重大现实问题

在数字时代，以数据为对象的攻击将逐渐成为主流，数据开放中的个人隐私保护、公共数据安全以及数据跨境流动安全成为维护网络空间安全的要义。在数字经济与实体经济加速融合的背景下，数据权属、数据的安全交换、数据价值的挖掘等都必须在安全的环境中才能得以实现。与传统基础设施相比，数字社会的网络基础设施攻击容忍度更低，重要生产要素资源面临“一失尽失”的安全威胁。[②] 工业互联网打破了传统工业控制系统的封闭格局。工业现场侧与互联网侧安全基准需实现按需对接，工业数据传输、处理实时性要求高，工业互联网数据多路径、跨组织、跨地域的复杂流动，都容易导致数据传输过程中的追踪溯源问题。部分数据接口规范、通信协议不统一，数据采集过程容易出现过度采集、隐私泄露等问题。数字孪生、网络切片等技术加速“5G + 垂直行业”应用落地，智慧城市、智慧能源、智能制造等领域融合基础设施组网架构更新迭代周期各异、终端设备能力高低不一、数据流量类型千差万别，投射出千人千面的数据安全保障需求。

数据的科技属性和流动隐蔽性增加了数据出境国家安全治理的

---

① 杨燕婷．中国工程院院士方滨兴　从三维九空间视角重新定义网络空间安全［J］．中国教育网络，2018（10）：14 －16.

② 魏亮，戴方芳，赵爽．“新基建”定义网络安全技术创新新范式［J］．中国信息安全，2020（5）：38 －40.

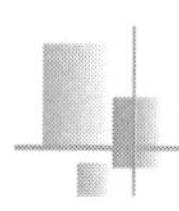

难度，目前的监管规则和防范措施不能满足数据出境国家安全治理的需要。[①] 数据跨境流动带来的网络安全风险存在于数据生产、采集、传输、存储和共享等环节。在生产和传输环节，跨境流动的数据面临被窃取和篡改等安全风险；在存储和应用环节，由于跨境数据存储位置分散并需要跨安全域访问，所以容易出现数据滥用和隐私泄露等问题。由于数据承载着个人隐私、商业秘密、国家秘密等利益，所以跨境数据的不当使用不仅会侵犯个人隐私权、财产权等基本权利，也可能会危害国家安全和主权。这就要求我们通过技术升级和制度设计来保障数据跨境流动的安全性。

三、算法安全是维护国家主权安全的重要内容

算法安全从多维度深刻影响着国家安全。正如美国技术哲学家和政治家兰登·温纳所说，技术不可避免地与制度化的权力和权威模式相联系。算法作为一种新技术，逐渐演化成一种新的权利形态。在国家安全层面，算法安全已成为国家安全的核心表现。首先，算法安全在政治上具有逻辑操纵性和隐蔽性。算法披着“合理性”外衣，通过向特定用户开展“靶向”锁定，自主生成内容武器，传播具有诱导性和倾向性的舆论，成为以无形之手操纵他国国内社会舆论的“影响力机器”（influence machine）。其次，算法安全在场域上具有泛在性。以算法为核心的人工智能技术能够将威胁渗透到战略、组织、优先事项和资源配置，对国家的军事、社会治理和经济安全构成威胁。

四、关键信息基础设施安全是数字社会的基本安全保障

网络安全风险向基础设施领域蔓延。随着产业数字化加快数字经济发展，网络攻击向基础设施领域蔓延会导致整个产业链的停摆或瘫痪。

---

① 马其家，刘飞虎．数据出境中的国家安全治理探讨［J］．理论探索，2022（2）：105－113.

网络攻击不分时间和地点，企业和机构都将面临较大风险，公共设施面临有组织、系统化的攻击。

关键信息基础设施是网络安全防护的核心。当前，随着数字技术赋能传统产业，关键信息基础设施网络化程度加深，通信、电力、能源、交通、金融、公共服务等传统基础设施的“联网”“上云”使得关键信息基础设施保护范围不断扩大，导致安全风险更加多元复杂。关键信息基础设施一旦遭遇攻击，有可能导致整个社会瘫痪。在 2021 年 9 月 1 日正式实施的《关键信息基础设施安全保护条例》中明确规定：国家对关键信息基础设施实行重点保护。

第六节　抓住网信基础设施建设机会窗，打造数字社会新基建产业集群

夯实云计算、人工智能、物联网、区块链、工业互联网、数据中心等网信基础设施建设以及底层支持技术的研发升级，加强算法、算力以及数据权等的监管和治理，实现技术标准化、设施泛在融合化和连接全域化，加快突破关键共性技术难题；以市场化方式构建全球数据治理联盟，以“数字资产”的多元载体建设全球数字资产交易所，加快网信制度性和安全性基础设施建设步伐，抢占数字时代网络空间治理的主导权和国际话语权。

一、构建泛在融合的数字基础设施新体系，筑牢数字经济发展的底层基座

（一）构建融合、协同、智能、安全、开放的数据基础设施

在架构上，纵向贯通化，提升数据收集的深度；横向平台化，依托平台对数据进行广域化管理，确保数据基础设施的整体关联性；跨界网络化，汇聚各方数据，提供“入—存—用—出”全生命周期的支撑能

力，构建全方位的数据安全体系，打造开放的数据生态环境；[①] 供给数据化，实现以数据形式反馈的灵动性，[②] 真正架构起支撑数据存储及数据全生命周期管理的软硬件基础设施体系。

在功能上，数据基础设施要实现“五融合、六协同”。“五融合”是指异构算力融合、存算融合、数据库存储融合、协议融合和格式融合；“六协同”是指六个场景协同，即跨数据源、跨场景、云边、异地数据即时访问、统一访问接口以及跨域计算能力共享。数据基础设施智能化，包含智能数据治理、智能芯片、智能软件框架，要通过制定公平、透明的规则，建立生态信任体系，面向数据构建全方位的安全和监管体系，保障数据端到端的安全和隐私合规，打造开放的数据生态环境，推动全社会数据的共享和开放，创造更大的价值。

（二）加快搭建数联网基础架构、全域互联的区块链云化平台

数联网是数据与数据相连的互联网，是在互联网基础上的延伸和扩展。要通过构建一套能够识别每个节点数据及数据服务的协议规范和框架，让用户更方便地按需获取，并且要分析挖掘整个网络中的数据，从而获得数据融合后释放出的巨大价值。数联网技术架构体系的构建，需要数据集中、分权管理、社会参与的大数据治理机制的顶层设计；构建基于自主可控技术的、从源头到应用的数据安全保障机制，形成国家下一代大数据的基础架构。

（三）架构云—网—链泛在融合化的数字基础设施体系

连接是数字经济设施的根基，只有根基走在前面，上层的基础设施才有可能发展。[③] 未来泛在的连接和多样化的计算场景，需要感知、计算、存储与计算融合的分布式系统架构，也需要实现高效云边协同。未

---

① 中国信息通信研究院，华为技术有限公司．数据基础设施白皮书 2019 ［R/OL］．（2019－11－1）［2022－5－11］ http：//www.caict.ac.cn/kxyj/qwfb/bps/201911/P020191118645668782762.pdf.

② 刘婷婷，戴慎志，宋海瑜．智慧社会基础设施新类型拓展与数据基础设施规划编制探索［J］．城市规划学刊，2019（4）：95－101.

③ 通信世界全媒体．面向 2030 年　泛在超融合未来网络更智能［EB/OL］．（2020－9－11）［2022－5－11］．https：//tech.sina.com.cn/roll/2020－09－11/doc－iivhuipp3681031.shtml.

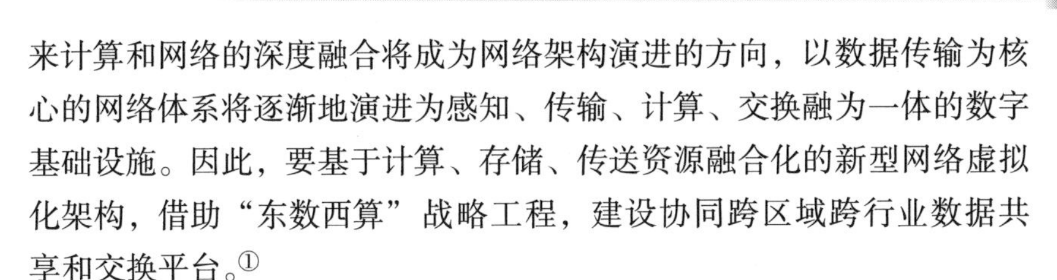
来计算和网络的深度融合将成为网络架构演进的方向，以数据传输为核心的网络体系将逐渐地演进为感知、传输、计算、交换融为一体的数字基础设施。因此，要基于计算、存储、传送资源融合化的新型网络虚拟化架构，借助“东数西算”战略工程，建设协同跨区域跨行业数据共享和交换平台。[①]

二、牵住核心技术自主创新的“牛鼻子”，加强原创性引领性科技攻关

网络信息技术领域作为全球技术创新的竞争高地，是全球研发投入最集中、创新最活跃、应用最广泛、辐射带动作用最大的技术创新领域。“十四五”期间，要专攻“卡脖子”技术，加强关键信息基础设施的安全与支撑，完善网络治理体系。要紧紧牵住核心技术自主创新这个“牛鼻子”，积极推动隐私计算、新一代移动通信、量子通信等的研发和应用取得重大突破，增强网络信息技术自主创新能力。

（一）打造隐私计算技术应用生态

隐私计算技术能够使数据在存储、计算、应用、销毁等各个环节中“可用不可见”，实现数据所有权和使用权的分离，达到开放和保护的双重要求，是实现数据价值化过程的核心技术保障。但由于存在安全性挑战、性能瓶颈、标准体系缺失或不健全等问题，隐私计算的产业化进程受阻。因此，应从多元技术融合、标准体系建设、法规—技术—应用的多方生态融合以及算法优化和硬件加速等方面取得突破，[②] 加快隐私计算平台基础设施建设，助力打造隐私计算技术的行业应用生态。

（二）抢占量子技术战略制高点

未来人类将进入量子互联网时代，量子互联网融合了量子计算、量

---

① 赵丽．如何加快传统基础设施向“新基建”融合基础设施转变［J］．互联网天地，2020（6）：24－27.

② 王思源，闫树．隐私计算面临的挑战与发展趋势浅析［J］．通信世界，2022（2）：19－21.

子测量与量子通信三大模块，能够在量子中继的帮助下实现多用户、远距离的量子纠缠共享，实现量子安全应用。① 量子互联网具有安全性高、应用领域广的特征。目前多国已竞先研发这一新型通信方式。未来我国要逐步突破量子安全认证、量子数字签名、量子比特承诺以及量子安全存储等技术难题，提升量子互联网的可扩展性和信息处理能力，加强量子互联网战略布局，打造量子互联网研发的良好生态，引领未来量子互联网新时代。

（三）前瞻布局前沿技术

抢先布局前沿技术，实现融合创新。谋篇布局下一代移动通信技术（如6G）、量子计算、神经芯片、类脑智能、第三代半导体，实现与信息、生物、材料、能源等领域的技术融合和群体性突破，加大基础学科投入，带动底层技术突破，打造多元化参与、网络化协同、市场化运作的创新生态体系，抢占未来核心技术的制高点。

三、加快数字社会制度性基础设施建设步伐，抢占数字时代国际话语权

习近平总书记在出席二十国集团领导人第十五次峰会第一阶段会议时指出，面对各国对数据安全、数字鸿沟、个人隐私、道德伦理等方面的关切，要秉持以人为中心、基于事实的政策导向，鼓励创新，建立互信，支持联合国就此发挥领导作用，携手打造开放、公平、公正、非歧视的数字发展环境。② 这为未来构建全球数字治理规则体系指明了方向。应在联合国框架下制定全球政务通则。加快建立全球性的数据资源交易中心，促进数据要素交易流通、跨境传输等方面的基础制度和标准规范，建立高效有序的数据开放共享、数据衍生服务以及跨境流动等新制度。推动形成“全球数字治理联盟”模式的全球数据交易中心，制

① 赵勇．量子通信技术助力“新基建”信息安全［J］．中国信息安全，2020（7）：33－35．

② 习近平．勠力战疫　共创未来——二十国集团领导人第十五次峰会第一阶段会议重要讲话［N］．人民日报，2020－11－22（2）．

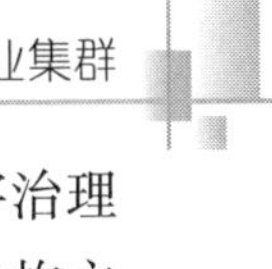

定统一标准的数据定价机制、交易规则和隐私保护机制。全球数字治理联盟主要包括规则制定机构、仲裁机构和执行机构，其中，执行机构主要由全球数据监管中心和全球数据监管联盟构成。积极培育完全中立的数据监管商，形成独立的全球数据监管联盟，共同推动制定可交易数据的交易规则、基本标准、用户隐私的保护规则。[①]

四、构建自主可控的安全性基础设施，增强网络安全防御能力和威慑能力

安全基础设施的构建要以"让数据使用更安全"为目的，集成组织构建、规范制定、技术支撑等要素共同完成数据安全建设。[②] 针对数据开放中的安全隐患，建立数据开放的授权和确权机制，加强对数据开放过程中个人信息及隐私的保护。现阶段网络基础设施的安全检测标准和评估机制不够完善，除此之外，也没有形成稳固的安全防护体系，不能对产生漏洞等问题做出及时有效的处理。目前对基础设施的检查侧重于发现漏洞，缺少修复、数据分析和等级评估等防御方案，不利于对网络安全态势的掌握和风险预警，因此实施技术设施保障还存在一定难度。这就对网络安全防护能力提出了四个新要求：能够及时发现高级威胁与未知威胁；尽可能提高威胁检测告警准确率；安全能力能够针对网络环境进行智能调节与进化；具有一定的自主决策与响应处置能力。[③]

（一）构建数据安全制度

建立数据分类分级保护制度和数据安全审查制度，对关系国家安全、国民经济命脉的国家核心数据实行更加严格的管理制度。

一是健全新基建催生的典型应用场景的数据安全管理制度与标准规范，确保信息技术产品和服务供应链安全。加快完善面向数字基础设施

---

① 施展．破茧［M］．长沙：湖南文艺出版社，2020.

② 白利芳，唐刚，闫晓丽．数据安全治理研究及实践［J］．网络安全和信息化，2021（2）：46－49.

③ 王智民．"新基建"推动安全能力向智能化发展［J］．互联网经济，2020（7）：98－101.

的安全测评、安全审计、保密审查、日常监测等制度，从自主可控、质量、等保及分保测评三个维度强化网络安全审查机制；加强数据的分类制度管理，促进数据有序跨境流通，完善相关标准、规则和相应的技术手段。

二是积极构建内生安全保障体系。防火墙、入侵监测、防病毒是维护网络安全的“老三件”，而面对以网络化、云化、虚拟化和智能化为特征的新一代的信息基础设施，增强免疫能力的根本在于构建内生安全体系。“内生安全”的实施是一套复杂的系统工程，需要用工程化、体系化的方式支撑各行业的安全建设模式从“局部整改外挂”走向“深度融合体系化”,[①] 设计从硬件、软件到协议完整的内生安全解决方案。

三是在数据基础设施建设体系下，不断打造新一代立体化数据防泄露（DLP）系统，加快人工智能的内容识别/分类/分级、端点全息、量子加密、可信计算、硬盘销毁等技术应用于数据采集、存储、加工处理、脱敏、安全、销毁等全生命周期链条，进行高效、安全的技术研发和标准制定，并不断探索优化数据加工模式与定价的机制。数据要素市场应当以应用为牵引，以技术为支撑，以市场为纽带，把供给和需求两端有效地链接起来，从而形成市场和产业之间的良性互动。

（二）构建安全、可信、可靠、可控的信息技术体系

目前，在硬件设备方面，我国相关产业使用的计算机处理器需要进口，计算机产业的核心零部件是以美国为代表的原始制造商进行开发和研制的，相关产业仅对其进行简单组装和加工。在软件方面，我国大多数网络系统和平台使用的均为国外公司的软件产品。以美国的微软操作系统为例，其占据了我国主要的软件市场，对国产软件的运用和操作都造成巨大的限制。所以，一要攻研核心技术，加快审查技术与标准研发，提升审查技术能力，要坚持安全可控和开放创新并重。加快推进国产自主可控替代计划，构建安全可控的信息技术体系。二要推动关键软硬件产品和系统的安全可控。构建符合系统孪生特性的影子系统来承受

---

① 袁胜．以“内生安全”框架　助“新基建”数字化转型［J］．中国信息安全，2020（8）：80－81.

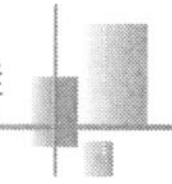

持续不断的众测，通过“外打内”模式的网络靶场模式强化相应系统的安全抗打击能力。针对算法及 AI 带来的新安全风险，采取以数据为中心的 AI 网络攻防技术发展路径，强化 AI 安全数据资产的共享利用，加强智能化网络攻防体系建设和能力升级，增强防范安全威胁能力和攻防对等能力。①

（三）构建网络空间共同体，掌握网络空间主导权

网络空间主权主要体现为 4 项基本权利：平等权、独立权、自卫权和管辖权。要以平等的方式开展国际合作，在联合国框架下，牵头建立网络空间安全合作机制，寻求国际统一的网络安全立法，合作打击网络犯罪、网络恐怖主义等，构建互惠共赢的网络空间共同体。加快制定安全可控的域名解析方案和国际合作机制，切实掌握网络空间的独立性。自卫权关注的是国家拥有保护本国网络空间不被侵犯的权力及军事能力。管辖权是指网络空间的构成平台、承载数据及其活动受所属国家的司法与行政管辖。

（四）市场化方式培育和壮大网络安全产业

数字经济时代，网络安全已经成为牵一发而动全身的要素，其重要性更加凸显。国际网络空间的竞争博弈日趋激烈，网络安全的产业化发展已经成为衡量国家网络安全综合实力的重要标准。随着《网络安全法》《关键信息基础设施安全保护条例》等法律法规的出台和实施，网络安全增量市场迎来发展机遇期。随着网络安全事故造成巨大经济损失，网络安全保险也应运而生，这将会催生一个上千亿规模的网络安全产业。

要围绕网络空间安全的不同层级，鼓励市场主体参与运营，催化衍生安全产业集群。围绕网络空间安全的硬件层、代码层、数据层以及应用层积极引导市场主体参与技术开发和标准制定，打造具有竞争力的安全产业集群，运用市场化方式打造新型基础设施，解决新型基础设施建

---

① 方滨兴，时金桥，王忠儒，余伟强．人工智能赋能网络攻击的安全威胁及应对策略［J］．中国工程科学，2021，23（3）：60－66.

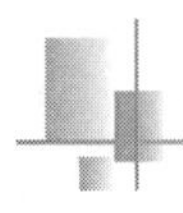

设的最后一公里问题。要不断完善配套投融资制度，打通政策堵点，创新投融资模式，拓宽融资渠道。因此，在政府层面，要设立专项债，采用 PPP、城投模式解决新型基础设施项目融资难、融资贵的问题；在银行层面，要通过专项贷款为新型基础设施建设提供重要的资金支撑；在企业层面，要统筹运用自有资金、政策性贷款及财政资金推动项目落地；同时，要充分调动各社会主体的投资积极性，使产业投资基金和保险资金参与到新型基础设施建设中来，壮大和培育世界级的安全产业集群。

第二章

架构技术性基础设施，创新社会运行平台

在经济全球化背景下，新一轮科技革命和产业变革加速演进，网信技术性基础设施成为我国经济发展的重要支撑力量。当前，我国网信技术性基础设施的建设规模有待进一步提升，数字化技术仍有重大发展机遇。因此，我国亟须加快布局新型数字技术性基础设施，推动数字化经济转型，进一步释放经济增长潜力，在新一轮技术革命中掌握话语权。

第一节 现代化基础设施“乘数效应”放大，赋能数字化转型

基础设施是用于保证国家或地区社会经济活动正常运行的公共服务系统。基础设施建设作为宏观经济控制手段，具有先行性、基础性、不可贸易性、整体不可分性和准公共物品性的特点。要通过比对传统技术性基础设施与新型技术性基础设施，对网信技术性基础设施的内涵、外延和功能进行重新定义，使网信事业全面的数字化转型成为共识。

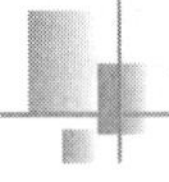

一、传统基础设施向高精尖特优轻薄方向转型升级

传统基础设施主要是指铁路、公路、机场、港口、管道、通信、电网、水利、市政、物流等基础设施。传统基础设施具有保居民就业、稳经济增长的重要作用。新一代信息基础设施在战略新兴领域与科技端，主要包括5G基建、工业互联网、特高压、新能源汽车及充电桩、大数据中心、人工智能等。同时由于新冠肺炎疫情的影响，医疗新基建（如医疗设备和医疗信息化等）也受到重点关注。2020年4月20日，国家发改委首次明确提出：新型基础设施是以技术创新为驱动，以信息网络为基础，面向高质量发展需要，提供数字转型、智能升级、融合创新等服务的基础设施体系。

在新基建“通（信息互联互通）”“数（数据存储与处理）”“能（新能源）”“安（医疗新基建）”四条主线中，“通”与“数”成为其发展的重中之重。一般认为，新一代网信基础设施是以信息网络为基础，综合集成新一代信息技术，围绕数据的感知、传输、存储、计算、处理和安全等环节，包括信息基础设施、融合基础设施和创新基础设施在内的新型服务性基础设施体系。新一代网信技术性基础设施的核心在于增强数据存储、传输和计算能力，这既是“补短板”又具有“前瞻性”。新一代网信技术性基础设施承载了经济社会的新供给与新需求。在科技变革与技术进步的历史进程中，基础设施的内涵、外延与功能也将随之革新和拓展。与传统基建相比，网信技术性基础设施不仅会对人类的生产生活方式产生巨大的影响，而且会在新旧基建交替、发展与革新的过程中重塑经济格局与产业分工。

基础设施建设的作用是带动经济增长，同时加快“补短板”。当前，在我国的经济背景下，基础设施建设发展遵循新老基建并重、传统基建托底、新兴基建发力的思路。从各地的重大项目规划来看，传统的基础设施建设具有绝对规模优势，以新兴科技为代表的新基建开始发力。例如：上海的152个重大项目中有57个是传统的城市基础设施建

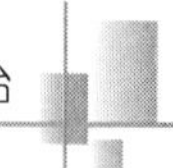

设，42 个是科技项目。[①] 云南 3.6 万亿元的“双十”重大工程中，“能通全通”和“互联互通”等交通设施建设项目总投资超过 2 万亿元；在建 1.6 万亿元的项目基本都是铁路、机场建设等；新开工项目中新基建占比明显提高，5G 网络全覆盖、智能电网、物联网项目有 2100 亿元，占比超过 10%。[②] 根据 wind 数据库的资料可知，从 2020 年初专项债投向来看，基建占比快速提升，从 2019 年的 25% 快速提升至 76%，尤其是收费公路、铁路建设、轨道交通等交通运输相关项目占比超过 26%，园区开发占比 10%。新基建规模也在快速上涨，为原来的 1.2 倍，尤其是配电网项目增速高达 10.8 倍。

二、网信技术性基础设施在数字经济时代具有关键性、支撑性和安全性等特征

技术性基础设施是指能够建立国家和城市的、具备组织能力的基础技术服务、设备、设施和结构。其包括信息技术（IT）基础设施和足够先进的可以被视为现代技术的传统基础设施。技术性基础设施具体包括现代能源基础设施，如太阳能电池板和电池系统；农业技术，如海水温室，其可以利用太阳能提取淡水和种植作物；先进的交通技术，如高速列车或空中交通控制系统；智能城市，改善生活质量和城市复原能力的基础设施，如地震预警系统；建筑技术，如办公大楼的智能窗户或数据中心的冷却系统；支持空间计划的基本系统、硬件和运载工具；电信，连接地区、国家和城市的基础网络、通信服务和设备；网络，组织规模上的基础网络服务，如数据中心的路由器和交换机；计算硬件，如计算单元和数据存储设备；操作系统，使用硬件的基础软件；数据库，用于存储和使用数据的软件；信息技术服务，基础 IT 服务，如用于确定设备位置的精确位置指示器（API）；平台，软件服务、系统和应用程序（如云平台物联网）的环境；通过互联网服务扩展的物理事物，如桥

---

① 上海市发改委. 2020 年上海市重大建设项目清单［EB/OL］.（2020－2－21）［2022－5－11］. https：//fgw. sh. gov. cn/fgw_zdjsxmqd/20211030/9f3ebd009f4a47a2981a152e011c3427. html.

② 云南省发改委. 云南省启动实施基础设施“双十”重大工程［EB/OL］.（2020－2－25）［2022－3－10］. http：//yndrc. yn. gov. cn/ynfzggdt/39936.

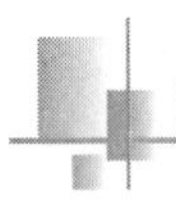

梁，一般来说，随着时间的推移，非技术性基础设施往往会发展为技术性基础设施，例如未来的桥梁可能被设计成通过实时计算和抵消力来保护自身不受地震影响。

基础设施是社会发展的先行资本。依据对技术性基础设施的界定，可以简要地分析其基本特征。

（1）信息基础设施是技术性基础设施的核心。要遵循新一轮科技革命和产业变革的发展进程，搭建起适应未来产业发展的基础设施框架。数据是数字经济时代最重要的战略资源，其在全球经济运转中的核心价值越来越凸显。推进信息基础设施的建设与实施，提高企业或产业的技术能力，能够提高国家的核心竞争力。数字经济的发展离不开5G、大数据、人工智能、云计算等新技术的支撑。随着科学技术不断发展进步，数据驱动已经成为创新驱动发展的一个重要方面，不仅能极大提升全要素生产率，还能有力推动社会治理创新。

（2）技术性基础设施将优先布局在以城市群为代表的人口流入地。根据wind数据库的资料可知，从我国人口空间布局看，我国城市化还处于加快进程中，2019年中国城镇化率为60.6%，远低于发达国家平均约80%的水平，预计到2030年常住人口城镇化率将达到71%，城市化和人口向大城市集中是必然趋势。技术性基础设施作为公共物品，是集体共有的、特殊的、与产业能力相关的服务体系，是为了提高企业（或产业）的技术能力而必要的服务系统。“十四五”时期，应坚持以城市群为主体的城市化战略，补齐常住人口流入的中心城市、都市圈、城市圈新基建的短板。

（3）技术性基础设施是公共性的服务设施和条件。与传统基础设施相比，新型基础设施广泛运用新一轮科技革命成果，能够赋予工业、农业、交通、能源、医疗、教育等行业更多更新的发展动能，有力提升创新链、产业链、价值链水平，优化产业结构，完善商业生态，开发更多更好的产品和服务，满足人民日益增长的美好生活需要。新一代信息技术使互联网集感知、传输、存储、计算、应用于一体，形成了新一代网络系统，有力促进了数字化与智能化、互联网与物联网协同融合发展。科技创新活动已不单单是企业、科研院所、高校等单独的行为。面向未来更加激烈的科学及产业技术竞争，越来越需要科研机构与政府协

同发挥作用，共同推动重大科技创新平台及基础设施建设。

专栏2－1　中国技术性基础设施案例

中科院重大科技基础设施的建设稳步推进，涉及时间标准发布、遥感、粒子物理与核物理、天文、同步辐射、地质、海洋、生态、生物资源、能源和国家安全等众多领域，是承担我国重大科技基础设施建设和运行的主要力量。目前共有运行设施20个，在建设施11个。这些设施按应用目的可分为三类：（1）为特定学科领域的重大科学技术目标建设的专用研究设施，如北京正负电子对撞机、兰州重离子研究装置等；（2）为多学科领域的基础研究、应用基础研究和应用研究服务的，具有强大支持能力的公共实验设施，如上海光源、合肥同步辐射装置等；（3）为国家经济建设、国家安全和社会发展提供基础数据的公益科技设施，如中国遥感卫星地面站、长短波授时系统等。中科院重大科技基础设施运行稳定、成果丰硕。其极大地提升了我国基础前沿研究水平；为多学科前沿研究提供了先进的实验平台；为社会发展提供了必不可少的保障；促进和拉动了国家高新技术发展；为国家大型科研基地建设奠定了基础；提升了参与国际合作的地位。

资料来源：作者根据中国科学院官方信息整理而得。

三、发掘数字化要素潜力，推动数字化转型生态建设

经济社会数字化转型的本质是网络基础设施深度融合应用。数字基础设施是培育新模式、新业态、新产业，促进新旧动能转换的重要领域。推进数字生态建设，以信息流带动资金流、物资流、人才流、技术流，是提升产业市场竞争力和整体发展水平的关键所在。

首先，网信技术性基础设施建设和传统基建的不同主要体现在服务对象、投资回报、投资主体和社会经济效益这四个方面。从服务对象看：传统基建针对的是人流、物流，其为人员流动和货物贸易提供了极大便利；而网信新基建更多针对的是信息流、资金流。从投资回报看：传统基建投资大、回收慢；新基建投资规模大小不一，但总体而言，回

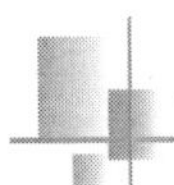

报期相对较短。从投资主体看：传统基建一般由政府投资或由政府兜底；新基建则一般由市场主体自主投资，自负盈亏。从经济社会效益看：传统基建投资奠定了城市经济这一人类伟大发明的发展基础；新基建投资则奠定了数字经济、智能经济、生命经济这些人类未来文明的发展基础。在传统基建效益递减的经济背景下，加快新基建有助于中国确立在第四次工业革命中的引领地位。

其次，数字化转型的主要内容是最终实现要素、过程和产品的数字化。相较于传统生产要素，数据要素能够无成本地促进经济增长，其带来的技术革新能够进一步融合其他生产要素，推动产业发展。数字化手段能够精准控制生产过程并对其进行管理，大幅提升工业互联网平台设备链接和产业赋能能力，提高整体生产效率。产品数字化转型能够将数字化技术以实体形态呈现，推动创新链、产业链、资金链、政策链的精准对接，将数字化落实到产品，畅通产业创新渠道。

当前，数据已成为新的生产要素，合理使用数据要素，聚焦数字化转型的重大需求，是坚持高质量发展的基础条件。一是5G信息高速公路加速构建。影响和推动光通信产业从芯片、器件、模块到系统、网络、光纤光缆再到5G小基站建设等上下游产业链的创新发展，通过高速泛在的网络加速“新基建”，构建“信息高速公路”，为各种软硬件的应用创新、工厂升级、城市转型提供坚实的底座，拉动数字经济向纵深发展。二是“大数据中心”夯实数字经济基础。实施全国一体化大数据中心建设重大工程，推进身份认证和电子证照、电子发票等应用基础设施建设，推进全国一体化政务服务平台和国家数据共享交换平台建设。深入实施工业互联网创新发展工程，推动制造、商贸流通等经济社会重点领域数字化转型。三是“人工智能”构建智能产业链。促进人工智能与制造业深度融合，全面提升制造业智能化水平。推动智能制造、智慧城市、智慧物流、农村电商发展，加大汽车、绿色智能家电等消费金融支持，推动产业链联合创新。实施人工智能产业集群培育工程，打造有国际竞争力的人工智能新兴产业集群。

数字经济是现代化经济系统中的发动机，在这个系统中，数字技术被广泛使用并由此快速驱动整个实体经济环境的转型升级。要推动数字技术产业创新发展。数字经济新业态新模式蓬勃发展，链接全球创新资

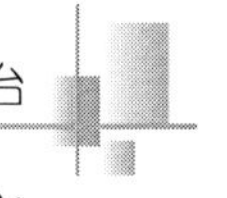

源，推动数字技术与传统产业深度融合；构建以数据为关键要素的数字经济。加快布局区块链技术发展，与经济社会融合；发展数字经济应当以促进保障和改善民生为中心。以人为本，推动社会各领域的应用与发展，同时建立人才交流平台，完善高水平人才培养体系；切实保障国家数据安全和完善数据产权保护制度。技术性基础设施需要承载保障国家安全方面的能力，且技术性基础设施本身需加强安全保护措施，确保数字基础设施安全平稳可靠运行。

第二节　世界主要国家加强推动网信技术性基础设施建设

伴随着信息技术的快速发展及其与经济运行方式的不断融合，数字经济已被视为经济增长的“新引擎”，在世界上多数国家的发展战略中占据重要位置。近年来，发展数字经济已成为信息时代世界各国为提高经济发展质量和在国际经济中争夺话语权而抢占的制高点。一些国家陆续将发展数字经济作为国家经济发展战略的重点。数字经济已成为信息时代拉动世界经济发展的“新引擎”，在全球经济发展议程中占据重要位置，而网信基础设施发展水平也是新经济背景下一个国家综合国力的重要体现。要积极厘清网信基础设施发展的新形势、新特点、新要求，推进我国数字经济的高质量发展。

一、网信技术性基础设施建设是高质量发展的关键要素

网信基础设施建设具备新时代的丰富内涵，既符合未来经济社会的发展趋势，又能适应中国当前社会经济发展阶段和转型需求，成为社会经济发展的“新引擎”。作为数字经济的发展基石、转型升级的重要支撑，网信基础设施建设已成为中国高质量发展的关键要素。

（一）网信基础设施建设促进产业升级发展

网信基础设施建设包含 5G、工业互联网、人工智能、大数据中心

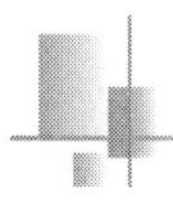

等以数字化信息网络为核心的新兴技术，会带动各行业的生产基础设施向数字化、网络化、智能化转型，能够有效推动各行业的技术创新、产业创新和商业模式创新，为构建智慧化社会、数字化产业奠定基础，促进了新业态、新模式的发展，已成为拉动经济增长的新动能和带动产业升级的新增长点。

（二）网信基础设施建设拉动投资新增量

我国经济已由高速增长阶段转向高质量发展阶段，在加快完善传统基础设施建设的同时，需充分利用新一代信息技术，推动传统基础设施向新型网信基础设施方向发展。同时，5G、人工智能、工业互联网等新型网信基础设施建设将产生长期性、大规模的投资需求，是拉动有效投资的新增量，将在促内需和稳投资中发挥重要作用。

（三）网信基础设施成为科技支撑平台、创新平台

网信基础设施通过建立协同创新网络来促进大数据产业与技术的进步、推动协同创新发展、打造高能级创业创新平台。其通过整合区位优势、平台优势、产业优势以及政策优势，作为有技术、敢创新的科学家们与有技术难题和需求的企业家们沟通交流的桥梁，在帮助企业攻克关键核心技术、加快转型升级的同时，推动更多科技成果落地转化。[①]

二、先进网信技术性基础设施国家的发展战略

随着新一代信息技术的快速发展，数字基建逐渐被各国重视，数字基础设施成为推动国家经济增长的重要力量。世界各国应顺应数字产业发展趋势，积极布局网信基础设施产业战略，为加快数字产业发展提供强有力的保障。

---

① 嘉科．中科院50名科学家走进嘉善打造高能级创业创新平台［J］．今日科技，2020(10)：54.

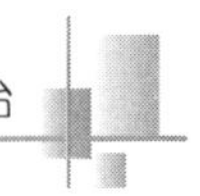

（一）美国发布量子互联网蓝图，奠定实施数据战略坚实基础

美国国家统计局的资料显示，美国网络基础设施部分的收入预计在2022年达到288.5亿美元。最大的细分市场是服务提供商网络基础设施，预计营收年增长率（2022～2026年）为3.60%，到2026年市场规模为332.3亿美元。与全球相比，其大部分收入将来自中国（2022年为312.6亿美元）。2020年7月，美国能源部发布量子互联网蓝图，计划在10年内建成一个全国性的量子互联网，帮助美国立足全球量子竞争前沿并引领新的通信时代。蓝图设置了四个关键的里程碑：在现有光纤网络上验证安全的量子协议；在校园或城市之间发送纠缠信息；最后两步是在城市之间扩展网络、在州之间扩展网络，并使用量子中继器放大信号。与此同时，美国还将建立“量子跃迁挑战研究所”，集中于量子计算、混合量子架构与网络、量子传感三个领域进行研究。美国《联邦数据战略2020年行动计划》确立了美国网信事业程序建立、能力建设和工作协调的目标，以使美国能更好地利用数据作为战略资产。

（二）欧盟启动5G技术研发新项目，大力推动自主数据基础设施建设

欧盟“5G基础设施公私合作伙伴关系”（5G－PPP）计划下的11个“地平线2020”（Horizon 2020）新项目于2020年9月启动，旨在抓住5G硬件创新机遇，并沿着三条欧洲跨境走廊打造互联与自动驾驶5G生态系统。其中三个5G跨境走廊项目将为5G走廊在欧洲的大规模部署提供必要的专有技术，将设计、测试和验证移动和交通领域的用例，把联网和自动驾驶车辆性能的验证范围扩大到公路、铁路和海事部门。其他8个5G硬件创新项目致力于为5G核心技术和硬件设备、网络技术和系统打造一流的欧洲产业供应链，同时创造市场机会，支持创新型市场主体的出现。此外，欧盟将继续投资研究5G软件创新和比5G更有前瞻性的项目。德国和法国努力打造欧洲数字生态系统，最终确定建设欧洲自己的云基础设施“盖亚－X”（Gaia－X）的发展路线图，以求为欧洲建立一个可信安全的数据基础设施，并将其视为欧洲数字创新的驱动力。

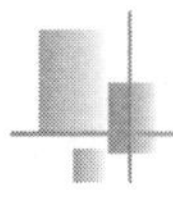

《德国2030年工业4.0愿景》（2019年）提出，德国将构建全球数字生态作为未来10年数字化转型的宏观目标，从自主性、互通性和可持续性三方面来刻画全球数字生态的核心要素。这表明德国在立足市场领先和技术领先的既有规划目标（2013年）基础上又有了飞跃。作为全球标杆，德国工业4.0对转型生态建设的高度重视值得中国加以关注。

（三）日本积极参与全球数字经济治理

2018年，日本约30%的组织实施了云计算基础架构。由于要进行数据分析，大数据和人工智能等应用程序和平台的使用量增加，国际业务进入该国正在推动大量数据使用。人工智能（AI）在物联网应用程序部署中扮演着重要角色，例如基于AI的物联网设备的安全性和隐私性、物联网设备的边缘计算等。日本的市场现已与全球超大规模云提供商一起发展。针对全球数字经济治理，日本积极提出符合国家利益的战略理念。2019年初，日本高调提出所谓的"数据在可信任条件下自由流动"（data free flow with trust，DFFT）原则，着重强调数据流动的自由度、安全性和完整性，帮助其在未来全球数字贸易中构建制度竞争优势。

（四）韩国依托三星公司发布6G白皮书，优化提升通信技术

韩国三星公司发布题为《全民超链接新体验》的6G白皮书，描述了对下一代通信系统6G的愿景，涵盖了技术和社会趋势、新服务、需求、候选技术以及预期的标准化时间表，认为6G的特点是提供高级服务，例如真正的沉浸式扩展现实（XR）、高保真移动全息图和数字副本。三星定义了实现6G服务必须满足的三类要求：性能、体系结构和可信赖性要求。6G的架构要求包括解决由于移动设备的计算能力有限而引起的问题，以及从技术开发的初始阶段就实施AI，并实现新网络实体的灵活集成。可信赖性要求解决了由于用户数据和AI技术的广泛使用而引起的安全性和隐私问题。其中，太赫兹频段的使用、新型天线技术、网络拓扑、频谱共享以及将AI应用在无线通信中作为满足6G要求至关重要的候选技术，进一步提升了韩国通信基建的水平。

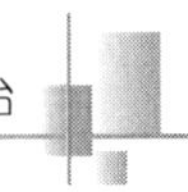

一些国家的基础设施在数字化转型的过程中，催生出利用物联网技术等加强信息管理，将数据变为财富和关键生产要素，通过建立数字化工厂激发数字化转型潜在客户群体的需求。德国 OWL 智慧工厂（Smart Factory OWL）和 KL 智慧工厂（Smart Factory KL）等致力于成为工业 4.0 的真正实验室，为公司和研究机构提供广泛的可能性和服务，用于未来工厂的联合设计。OWL 智慧工厂与德国中央工业（CENTRUM INDUSTRIAL IT，CIIT）一起构成了工业自动化的研发集群，使未来的工厂更加通用、更加高效地利用资源、更加人性化。聚集公司和研究机构，在人、机器和产品之间的交互中为未来的工厂开发、测试和实施提供解决方案，一方面可以与“工业 4.0”平台一起实现数据驱动，另一方面可以让 AI 提供商通过访问真实的工业数据进行研究和开发，提供基于数据的工业解决方案。在美国，国家制造业创新网络（NNMI）通过利用一系列广泛的智能自动化功能，如异常管理范式和确定性因果引擎，提高操作员的生产力并减少平均修复时间（MTTR）。在该项目推动下，数字制造和设计创新中心（DMDII）为美国制造商提供了其所需的数字化制造工具和专业知识，使行业免受日益增长的网络威胁。未来工厂的研究不是使用技术来取代操作员，而是展示了技术如何帮助他们。其开发的产品旨在帮助公司改进培训、材料管理、质量和安全，同时降低成本。无论是系统层面的德国工业 4.0 和美国工业互联网规划，还是工具层面的信息物理系统（CPS）、数字孪生，其本质都是通过物质生产的数字化。数字化颠覆了商业模式并使产品和服务智能化。基于物联网、区块链或增强现实等数字技术的快速出现和采用，数字化在全球范围内不可逆转地改变了所有行业的组织惯例。因此，数字化在创新、连通性、效率和生产力提高方面具有无限潜力。

三、完善中国网信技术性基础设施，催生技术进步以引领全球

数字化转型是将数字技术集成到业务的所有领域，从根本上改变企业运营方式和为客户提供价值的方式。这也是一种文化变革，要求组织不断挑战现状、进行实验并适应失败。中国在探索数字化转型生态系统的过程中，应保持技术的迭代优势，提升数字产业化浓度，通过加速数

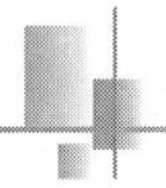

字化转型提供现实世界的价值。

一是加强规划引导，统筹发展。各地应做好需求预测和合理规划，加强规划统筹，避免资源错配，结合自身经济发展基础和产业发展水平，理性投资，同时制定相应的配套政策和战略规划，统筹发展网信基础设施建设，带动经济新增长。

二是通过数字化、网络化、智能化手段对价值链不同环节、生产体系与组织方式、产业链条、企业与产业间合作等进行全方位赋能。经济发展从传统资本、劳动要素推动向数据新要素创新驱动转变，面向不同需求形成多层次网信基础设施体系，通过数字化转型实现技术升级，利用好世界资源网络，在技术迭代过程中引领全球。

三是加强人才培养，支持发展。技术竞争、产业竞争归根到底是人才竞争，在加快产业化升级、提高企业竞争力、推动技术创新和科技成果转化的过程中，需要形成高技能人才队伍，加快网信基础设施数字化转型与融合，完善人才培育与支持体系，强化人才引进，吸纳全球基础设施领域新型人才。

第三节　保持技术性基础设施的代际优势

技术性基础设施的代际优势是国家安全和竞争力优势所在。随着市场需求的变化和信息化的推进，在5G及疫情的加速下，新型基础设施成为经济增长的重要推动力量。2018年中央经济工作会议提出高质量发展，加强人工智能、工业互联网、物联网等新型数字基础设施建设。2020年2月，中央政治局会议再次强调加快新型基础设施建设。新型数字基础设施的建设和利用成为中国经济高质量发展的基础依托，技术性基础设施需要构建网络体系、平台体系、安全体系。

一、技术性基础设施本身是向传统产业融合渗透的新产业

新一代信息技术产业是未来产业体系的命脉，因此要培育发展数字

经济产业，使新产业赋能经济高质量发展。技术性基础设施本身是一个新的产业，以信息技术为发展基础，包含数据的感知、传输、存储、计算、处理和安全等方面。技术性基础设施包含信息、融合和创新基础设施。作为社会基础性资产，技术性基础设施体系是数字社会的支撑与基础。未来社会是数字驱动、数据共享的新的社会发展形态，因此技术性基础设施的重要性不言而喻。

作为新的产业，技术性基础设施应以技术创新为发展目标。新技术、新产业、新业态、新模式是数字经济社会发展的特点，以技术创新和模式创新为内核的新型经济形态，需要转变经济发展方式、调整经济结构，从而推动经济高质量发展。要提高新一代数字技术应用的能力，以企业为主体，以数字化、智能化为导向建设技术性基础设施。技术性基础设施的计量、标准化和合格评定也是促进产业发展规范化的重要技术手段。[①] 我国应加强技术性基础设施的顶层设计和配套法律政策措施，推动核心技术研发创新，使技术性基础设施快速应用于民生、国防、医药、安全等各方面，成为数字经济社会的强有力支撑。

要正确处理新旧基础设施的关系。作为基础性资产，技术性基础设施由于研发周期、规模效应和需求黏性等因素的影响，投资收益周期更长，资金流通速度更加缓慢。而较为成熟的旧基础设施的产业链发展及其配套措施较为完善，投资回报速度也较快。在平衡新旧基础设施发展的关系时，应积极鼓励技术创新，投资技术性基础设施，并将投资目标长远化。而旧基础设施作为经济发展的中坚力量，在新旧基础设施交替发展的过渡阶段仍有带动上下游产业发展的能力。

要推动技术性基础设施与国际标准规则融通衔接，提升技术性基础设施的应用与应答能力。[②] 提高我国技术性基础设施标准化建设与国际标准的兼容与对接水平，在智能制造、大数据等领域加快技术研发与产

---

① 孙大伟. 夯实国家质量技术基础　深入推进科技质检建设 [EB/OL]. (2016-4-19) [2022-4-20]. https://www.cqn.com.cn/zgzlb/content/2016-04/19/content_2822032.htm.

② 国家发改委. 推动国家质量基础设施建设的政策建议 [EB/OL]. (2020-11-11) [2022-4-20]. https://www.ndrc.gov.cn/xxgk/jd/wsdwhfz/202012/t20201218_1253060.html?code=&state=123.

业布局，抢占全球技术制高点，引领国际标准发展。技术性基础设施建设应满足军民两用，不仅要维护国家安全，提升国防力量，也要满足人民日益增长的美好生活需要，实现新一代信息技术与基础设施的有机融合。

二、网信技术性基础设施成为新的主导产业，颠覆价值创造模式

在数字经济社会中，数据成为重要的生产要素驱动经济发展，技术驱动发展范式持续创新。数字经济的基础是信息和通信技术（ICT）在所有业务部门普及，以提高其生产力。利用技术变革使市场、商业模式和日常运营发生转变，数字经济涵盖了从传统技术、媒体和电信行业到新数字行业的方方面面，其中包括电子商务、数字银行，甚至“传统”行业，如农业、采矿业或制造业，这些行业正受到新兴技术应用的影响。在数字经济社会发展条件下，技术性基础设施的建设和利用成为中国经济高质量发展的基础依托。

技术性基础设施成为技术创新的基础保障。网信技术性基础设施的不同在于：首先，技术性基础设施是不断进步的，其最明显的特征是技术创新性强。技术性基础设施的创新性表现在创新范畴的外延不断扩大。在经济社会发展的过程中，技术也在不断更新、升级与迭代，随着数据成为新的生产要素，新的技术也在不断地渗入经济社会的方方面面。作为经济增长的新引擎，技术性基础设施在将技术与经济生活不断融合的过程中提高生产效率，也因活跃的创新要素而不断扩展技术创新的外延。要加强技术性基础设施的建设与应用。未来我国应在技术进步速度方面超过竞争对手，以技术支撑综合国家治理，支撑产业效能提升和产业催化速度，研发掌握颠覆性、战略性技术，重构全球创新版图。

其次，技术性基础设施建成后维护成本较高。支撑移动 IT 系统的技术性基础设施不仅包括具有适当软件和操作系统的移动设备，还包括用于传输数据的可靠的移动网络和协议。技术性基础设施建设周期长，费用庞大，作为基础性资产的投资周期也较长，投资收益不确定性较大，且由于技术迭代以及数据更新速度更快，其建成后维护成本也较

高。网络连接和高带宽很重要，因为连接缓慢或经常中断会影响提供给用户的信息的质量。技术本身的安全保障应是重中之重，基础设施应在处理大量数字信息的基础上识别和评估风险并制定计划，以控制这些风险及其潜在影响。

最后，技术性基础设施本身也作为支撑其他产业发展的平台，包括支持提供技术服务所需的活动、流程、工具和机构职能，例如技术标准、资源清单、培训、数据、技术、监测和效果分析。要通过优化技术以改善通信、提高效率和生产力。传统的 IT 基础设施由常见的硬件和软件组件组成：设施、数据中心、服务器、网络硬件台式计算机和企业应用软件解决方案。通常，这种基础设施设置需要比其他基础设施更多的电力、物理空间和资金。传统基础设施通常安装在本地，仅供公司或私人使用。云计算 IT 基础设施类似于传统基础设施。但是，最终用户可以通过互联网访问基础设施，无须通过虚拟化在本地安装即可使用计算资源。虚拟化连接由服务提供商在任何或多个地理位置维护物理服务器。然后，它划分和抽象资源，如存储，使用户几乎可以在任何可以建立互联网连接的地方访问它们。由于云基础架构通常是公共的，因此通常称为公共云。

三、优化网信技术性基础设施，赋能产业发展

数字技术的作用已经从驱动边际效率转变为推动和颠覆基础创新。在新兴市场，获得负担得起的交通是使公民摆脱贫困的最重要因素之一。集成的多式联运网络将提供更低的旅行成本，同时大大扩展运输选择。这有可能使负担得起的交通成为现实，同时也对环境产生积极影响。大多数其他部门同样受到数字化的影响，通过共享经济和超个性化等趋势创造新的消费模式。新的生产和交付能力将使组织能够利用数字技术找到更有效的方式来交付产品和服务，而 3D 打印和众包则提供了思考制造和物流流程的新方法。世界经济论坛启动了行业数字化转型计划，以应对跨行业和多利益相关方环境中数字化带来的机遇和风险。它构成了一项持续的倡议，作为商业和社会数字化的最新发展和趋势所产生的新机会和主题的焦点。数字化转型是有史以来最根本的转型驱动力

之一，同时也是塑造我们未来的独特机会。

（一）加快建立关键信息基础设施维护制度

关键基础设施（CI）是指资产、系统或其中的一部分，对维持重要的社会功能以及人们的健康、安全、保障、经济或社会福祉至关重要，其被破坏将造成严重后果。关键信息基础设施保护（CIIP）的目的是保持国家基本信息和通信系统的无故障运行。推动数字经济与实体经济融合发展，应清醒认识到当前我国面临日趋严峻的网络安全形势，考察美国、欧盟和日本健全发达的关键信息基础设施保护制度，为我国网信安全未来发展提供战略布局思路。

专栏2－2　各国关键基础设施保护措施

关键基础设施不仅依赖于道路、工厂、建筑物、管道等物理基础设施，还依赖于网络空间和支持该网络空间的信息和通信手段。这模糊了不同当局之间对关键基础设施安全的责任和义务界限。这些当局的活动传统上并不重叠，并且在维护过程中涉及各方利益。

1. 美国

美国《爱国者法案》将关键基础设施定义为：对美国至关重要的系统和资产，无论是物理的还是虚拟的，这些系统和资产的失效或破坏将对安全、国家经济安全、国家公共卫生安全或这些问题的任何组合产生威胁。美国的关键基础设施包括大量部门：农业、食品、水、公共卫生、紧急服务、政府、国防工业基地、信息和电信、能源、交通、银行和金融、化学工业、邮政和航运。

美国关键基础设施的具体保护措施有：

（1）统一美国国土安全部的基础设施保护工作。国土安全部整合并集中由关键基础设施保障办公室（目前隶属于商务部）和国家基础设施保护中心（美国联邦调查局，FBI）开展的活动，减去调查计算机犯罪的部分。该部门将通过联邦计算机事件响应中心（总务管理局）、美国国家标准与技术研究所（商务部）的计算机安全部门以及国家通信系统（国防部）来增强这些能力。

（2）建立和维护对美国关键基础设施和关键资产的完整和准确的评估。国防部建立和维护对关键基础设施部门关键目标的脆弱性和准备情况的完整、最新和准确的评估。因此，国防部将拥有当今政府所不具备的一项关键能力：根据当前的漏洞不断评估威胁信息、通知总统、发出警告和采取相应行动的能力，并提供客观数据作为基础设施保护标准和性能措施的基础。

（3）制定国家基础设施保护计划。国土安全部制定并协调实施一项全面的国家计划，以使美国的基础设施免受恐怖袭击。国家计划提供一种方法来确定关键资产并确定其优先顺序、系统和职能，并与州和地方政府以及私营部门分担保护责任。该计划将为基础设施保护建立标准和基准，并提供衡量绩效的手段。

（4）保护网络空间。成立关键基础设施保护委员会，并启动公私合作伙伴关系，以制定国家网络安全战略，包括针对五个级别的各种新提案：家庭用户和小型企业；大型企业；经济部门；国家问题；全球问题。

2. 欧盟

为了降低关键基础设施的脆弱性，欧盟委员会启动了欧洲关键基础设施保护计划（EPCIP）。这是“一揽子”措施，旨在改善对欧洲、所有欧盟国家和所有相关经济活动部门的关键基础设施的保护。欧盟关于关键信息基础设施保护（CIIP）的倡议旨在加强重要信息和通信技术（ICT）基础设施的安全性和弹性。

为支持欧盟保护关键基础设施的努力，欧盟联合研究中心（JRC）协调欧洲关键基础设施保护参考网络（ERNCIP），为审查欧洲关键基础设施指令提供技术支持，并开展不同的研究活动。例如开发方法和工具，用于国际网络安全演习、极端空间天气事件中网络基础设施的脆弱性评估，以及建筑物和运输系统抗爆炸能力的评估。

欧洲关键基础设施保护计划是一个框架，根据该框架，各种措施共同旨在改善欧盟对关键基础设施的保护。这些措施包括建立由欧盟联合研究中心协调的欧洲关键基础设施保护参考网络。ERNCIP 提供了一个框架，实验设施和实验室可以在该框架内共享知识，以便更好地调整整个欧洲的测试协议，从而更好地保护关键基础设施，使其免受所有类型的威胁和危害。

3. 日本

网络安全战略总部于2014年11月在内阁成立，旨在有效、全面地推进网络安全政策。网络安全战略总部由内阁官房长官领导，其副手网络安全主管部长由国家公共安全委员会主席和其他相关部长以及来自学术界和企业界的知识渊博的专家组成。

国家事件准备和网络安全战略中心（NISC）成立于2015年，原名为国家信息安全中心。其作为网络安全战略总部的秘书处，与公共和私营部门开展各种活动，以创建“自由、公平和安全的网络空间”。NISC在协调政府内部合作和促进工业、学术界、公共和私营部门之间的伙伴关系方面发挥着作为联络点的主导作用。NISC负责制定和协调网络安全政策，包括网络安全策略、与关键基础设施保护相关的网络安全政策、政府单位信息安全措施通用标准、网络安全人力资源发展计划、网络安全研发战略等。NISC扮演着政府计算机应急响应小组（CERT）的角色，NISC和JPCERT/CC作为涵盖私营实体的CERT和国家CERT共同工作。

资料来源：作者根据相关官方资料整理而得。

借鉴美国、欧盟和日本等网信基础设施发达国家经验，为了维护网络安全，要做到以下几点：一是确定所有关键信息基础设施要素，以供政府参考与运用。提供旨在减少关键信息基础设施漏洞的建议，以抵御网络恐怖主义、网络战和其他威胁。二是协调、共享、监控、收集、分析和预测国家级威胁，以提供政策指导、专业知识共享和预警或警报的态势感知。协助制定适当的计划、采用标准、分享最佳实践并改进与保护关键信息基础设施有关的采购流程。不断发展保护策略、政策、漏洞评估和审计方法与计划，以保护关键信息基础设施的传播和实施。三是开展研究和开发及相关活动，为创造、合作和开发创新的未来技术提供资金（包括资助），以促进技能的提升，与更广泛的公共部门行业、学术界等密切合作，并与国际合作伙伴一起保护关键信息基础设施。开展研究或组织培训，同时发展审计和认证机构以保护关键信息基础设施。制定和执行保护关键信息基础设施的国家和

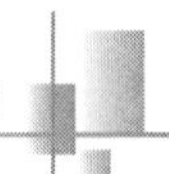

国际合作战略。①

（二）以融合基础设施创造智慧生态

融合基础设施是支撑经济社会数字化与智能化发展的基础设施，是网络空间与物理空间连通和融合的载体。推进融合基础设施建设，最终目的是构建以数字化、智能化基础设施为基底的产业发展新生态，从而实现加速推进新技术的应用、新模式的孵化、新业态的涌现。

物理世界和数字世界之间的鸿沟正在变得模糊。机器和设备正在互联、变得智能并能够产生新的价值。具有复杂性的商业智能的性能正在转移到云中，解锁数据资产，在智能设备、技术服务、人员和流程之间建立联系，创建支持创新和增长的智能生态系统。物联网本身并不是目标，而是一种创建新业务模型和应用程序的手段，可为客户和员工带来高价值。物联网投资主要针对云服务、安全和数据安全方面的项目，其次是传感器、执行器或网关等物联网硬件。大多数物联网项目目前都着眼于制造技术中的自动化和数据交换，其次是智能互联产品和预测性维护计划。

随着智能生态系统的发展，消费者设备必须具备基于智能生态系统的正确网络和自动化功能，其基础是云计算、动态平台和智能算法。它们连接联网设备、管理应用程序、处理数据、交付报告并包含高级分析功能，例如集群分析和机器学习。

从技术角度来看，智能生态系统是嵌入式系统、移动系统和信息系统的组合。无论是咖啡机还是工厂的系统，设备都处于较低级别。嵌入式系统在设备中实现所需的功能和逻辑，将其转变为智能设备。移动系统可确保连接和数据交换。连接设备最常见的方式是使用移动网络、本地 Wi－Fi 或通过蓝牙使用其他设备作为网关。信息系统包含域逻辑，并充当外部服务和系统的链接。它通过将智能连接设备与其他服务相结合来增加价值。这些服务可以向设备发送额外数据，为用户提供更好的体验或改进功能。相反，设备可以为服务提供数据，以便进行诸如预测

---

① WIKIPEDIA. National Critical Information Infrastructure Protection Centre ［EB/OL］. ［2022－4－22］. https：//en. wikipedia. org/wiki/National_Critical_Information_Infrastructure_Protection_Centre.

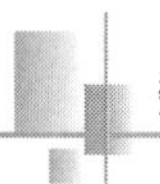

性维护之类的活动。

在最基本的层面上融合基础设施是一种经过验证的配置，它结合了物理计算、网络和存储资源，形成了一个“开箱即用”的解决方案。融合基础设施包括一个单一的管理平台、跨整个基础架构的经过验证的补丁集以及单一的支持场所。要实现基础设施融合，支撑物联网高速发展，从而构建和完善智慧生态系统，推动数字经济高质量发展。

（三）创新基础设施，引领产业结构性升级

技术开发、发明和创新是当代经济发展和工业增长的核心。要建设有弹性的基础设施，促进包容性和可持续的工业化并促进创新。创新基础设施在引进和推广新技术、促进国际贸易和有效利用资源方面发挥着关键作用。新冠肺炎疫情这场危机加速了许多企业和服务的数字化，包括工作场所内外的远程办公和视频会议系统，以及获得医疗保健、教育和基本商品和服务的机会。将创新技术引入生产，能够加速经济复苏、创造就业、减少贫困和刺激生产性投资。

技术可以促进三个方面的发展，即经济、社会和环境。技术具有两个维度：第一个维度是指一国改变自身结构，从而在较长时期内保持较高增长速度以赶上发达国家的能力。第二个维度涉及在减少贫困、提高生活质量、创造就业机会以及更公平地分配收入、财产和社会福利方面改变这种结构的过程。

数字时代，组织的敏捷性和生产力平稳发展需要强大、干净和安全的网络基础设施。网络基础设施是指使网络或互联网连接、管理、业务运营和通信成为可能的网络的所有资源。网络基础设施包括硬件和软件、系统和设备，其支持用户、服务、应用程序和进程之间的计算和通信。网络中涉及的任何事物，从服务器到无线路由器，都汇集在一起构成系统的网络基础设施。网络基础设施允许用户、应用程序、服务、设备之间的有效通信和服务。网络基础设施和 IT 基础设施类似。然而，虽然它们有时可能指同一事物，但两者之间也可能存在细微差别。通常，IT 基础设施被视为更大、更全面的术语。IT 基础设施（或信息技术基础设施）定义了 IT 服务基础的信息技术元素的集合。它通常是指硬件等物理组件，但它也可以包含一些网络或软件组件。网络基础设施

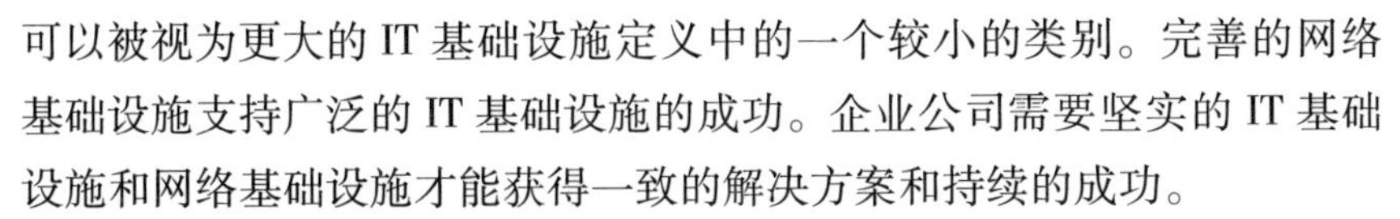

可以被视为更大的 IT 基础设施定义中的一个较小的类别。完善的网络基础设施支持广泛的 IT 基础设施的成功。企业公司需要坚实的 IT 基础设施和网络基础设施才能获得一致的解决方案和持续的成功。

网络基础设施是建立成功组织的基础。要开发优质、可靠、可持续和有弹性的基础设施（包括区域和跨境基础设施），以支持经济发展和人类福祉。网络基础设施建设的重点在于所有人都能承担并公平地获取。要升级基础设施和改造工业以使其可持续，提高资源利用效率，更多地采用清洁和对环境无害的技术和工业流程。加强科学研究，大幅增加每 100 万人的研发人员数量以及公共和私人研发支出，支持发展中国家的国内技术开发、研究和创新，包括确保为工业多样化和商品增值等提供有利的政策环境，引领数字经济产业创新发展。

（四）推动数字基础设施建设，促进智能经济高质量发展

新基建的本质是数字基础建设。它是智能化社会和智能经济的基础，是新型生产力的来源。数字基础设施是指为组织的信息技术和运营提供基础的数字技术。数字基础设施包括互联网骨干网、宽带、移动电信和数字通信套件。其中，移动电信和数字通信套件包括应用程序，数据中心和网络，企业门户、平台、系统和软件，云服务和软件等。要推动数字基础设施可持续化和数字平台现代化，拉动经济增长和带动产业升级。

1. 打造工业互联网平台体系

智能制造发展中最重要的进步之一是工业互联网。它将制造系统中的物理和网络组件结合在一起。工业互联网是互联网、大数据、云计算、人工智能等信息技术与工业系统高水平全方位深度融合所形成的应用生态，是以支撑工业数字化、网络化、智能化转型为主线，通过全要素、全产业链、全价值链的全面链接，以激活新动能、改造旧动能为重要特征的新型基础设施。工业物联网平台将提供不同的功能组合，包括工业物联网端点管理和连接，物联网数据的捕获、摄取和处理，数据的可视化和分析以及将物联网数据集成到流程和工作流中。

2. 加快数联网与产业深度融合

数据和分析与人工智能技术相结合，在努力预测、准备和积极主动

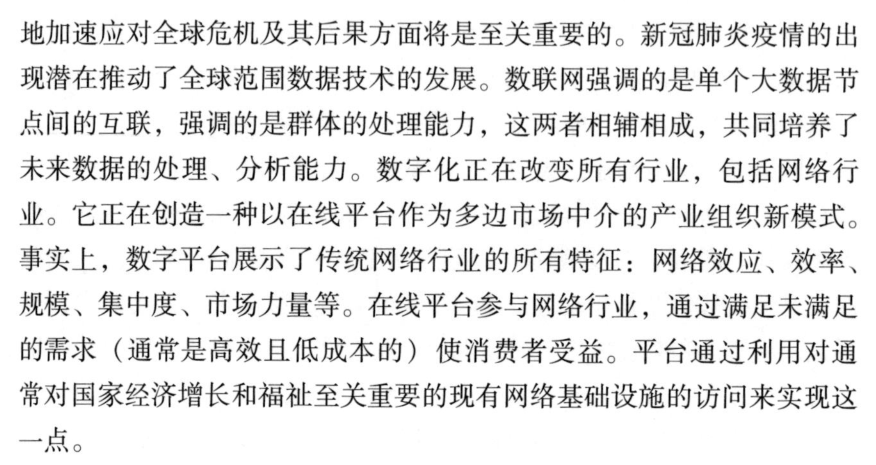

地加速应对全球危机及其后果方面将是至关重要的。新冠肺炎疫情的出现潜在推动了全球范围数据技术的发展。数联网强调的是单个大数据节点间的互联，强调的是群体的处理能力，这两者相辅相成，共同培养了未来数据的处理、分析能力。数字化正在改变所有行业，包括网络行业。它正在创造一种以在线平台作为多边市场中介的产业组织新模式。事实上，数字平台展示了传统网络行业的所有特征：网络效应、效率、规模、集中度、市场力量等。在线平台参与网络行业，通过满足未满足的需求（通常是高效且低成本的）使消费者受益。平台通过利用对通常对国家经济增长和福祉至关重要的现有网络基础设施的访问来实现这一点。

3. “大数据中心”夯实数字经济基础

互联网、宽带网络、移动应用、IT 服务和硬件构成了数字经济的基础。在新的数字世界中，创新的需求比以往任何时候都更加重要。行业结构和商业模式正在被颠覆——经济数字化正在迅速加速。据估计，未来 10 年经济中创造的新价值中有 70% 将基于数字化平台商业模式。因此要推动国家大数据战略，加快建设数字中国。新技术的发展将要求数据中心不断创新并发展壮大，以寻求更高的速度、性能、效率及可拓展性。

第四节　网信技术性基础设施赋能产业，推动治理现代化

2019 年发布的《全球竞争力报告》对全球 141 个国家或地区的基建水平进行了评估，中国以 77.9 分居全球第 36 位。而中国人均国内生产总值（GDP）在 2019 年过万美元后，全球排名仅为 69 名。从基建评分各分项来看：中国的信息通信技术排名最为靠前，以 78.5 分排在第 18 位；其次是交通基础设施，排在第 24 位；公用事业基础设施排在第 65 位，稍显落后。这些数据也反映了中国在通信技术及高速铁路、公路等新型基建领域靠技术革新取得了先发优势。

一、网信基础设施对产业转型的牵引力不断增强

信息技术的生产和使用是全球竞争的重要组成部分。这项技术在加工和通信方面现已融入发达国家的经济和社会生活结构，并且是新兴工业化国家投资的主要焦点。工业经济体正处于其经济结构可能发生根本性结构变化的“门槛”。通信网络和交互式多媒体应用为将现有的社会和经济关系转变为“信息社会”提供了基础。这种信息社会被认为导致了工业结构和社会关系的范式转变，就像工业革命改变了当时的农业社会一样。信息社会的发展预计将对经济和社会产生重要的有益影响；它有望刺激经济增长和生产力发展，创造新的经济活动和就业机会。此外，人们预计通过信息社会将产生一些社会效益，包括改善教育机会、改善保健服务和其他社会服务，以及增加获得文化和休闲的机会。与其他技术变化不同，通信和信息技术的迅速发展和扩散以及交互式多媒体应用的出现，有可能影响所有经济部门、组织以及工作结构、公共服务、文化和社会活动。

支持建设建立国家网信实验室，合理运用量子通信技术。量子通信是量子信息的传输。它可以从根本上改进安全、计算和传感器。量子通信是应用量子物理学的一个领域，与量子信息处理和量子隐形传态密切相关。它最广泛的应用是通过量子密码使信息通道免遭窃听，保证通信安全。中国科学家建立了世界上第一个综合量子通信网络，结合地面700多根光纤和两条地星链路，为全国用户实现了总距离4600公里的量子密钥分配。与传统加密不同，量子通信被认为是不可破解的，因此是银行、电网和其他部门信息安全传输的未来。量子通信的核心是量子密钥分配（QKD），它利用粒子的量子态（例如光子）形成一串0和1，而发送方和接收方之间的任何窃听都会改变这个串或密钥并被立即注意到。目前最常见的QKD技术使用光纤进行数百公里的传输，稳定性高，但信道损耗相当大。另一项主要的QKD技术利用卫星和地面站之间的自由空间进行千公里级的传输。2016年，中国发射了世界上第一颗量子通信卫星（QUESS或Mozi/Micius），并建成了两个相距2600公里的量子计算地面站。2017年，京沪两地QKD全长2000多公里的光纤网络建成。[①]

网信基础设施可以带动包括人工智能、机器人、虚拟现实、自动驾驶汽车和生物技术在内的新兴产业的发展。推动产业颠覆性创新，扶持和引导发展初期的技术和创新产业，将昂贵或高度复杂的产品或服务（以前可供高端或技能更高的消费者群体使用）转变为更实惠和更广泛人群可获得的产品或服务。颠覆性创新需要支持技术、创新的商业模式和连贯的价值网络。创建高效的供应链和分销渠道，通过为个人创造就业机会来扩大就业市场。

二、网信基础设施构建社会运行平台

当前正处于一个数字化和万物互联的新时代的开端。下一代互联网的目标是通过抽象和自动化，在任何和所有参与者或数据中心之间自发地启用任何所需的带宽。为此，需要对现有技术进行持续的进一步开发。此外，还必须构思集成基础设施、软件和服务的新方法。高效的数据处理变得越来越重要，而这也是网信基础设施构建社会运行平台的必要条件。

加强区块链在技术性基础设施中的关键作用。区块链是一种特定类型的数据库。它在存储信息的方式上不同于典型的数据库。区块链将数据存储在块中，然后将这些块链接在一起。随着新数据的进入，它被输入到一个新的块中。一旦块充满数据，它就会被链接到前一个块上，这使得数据按时间顺序链接在一起。不同类型的信息可以存储在区块链上，但迄今为止区块链最常见的用途是作为交易分类账。就比特币而言，区块链以去中心化的方式使用，因此没有任何个人或团体可以控制——所有用户共同保留控制权。去中心化区块链是不可变的，这意味着输入的数据是不可逆的。区块链是一项特别有前途和革命性的技术，因为它有助于降低风险、杜绝欺诈，并以可扩展的方式为无数用途带来

① PHYS. ORG. The World's First Integrated Quantum Communication Network［EB/OL］.（2016－4－19）［2022－5－6］. https：//phys. org/news/2021－01－world－quantum－network. html.

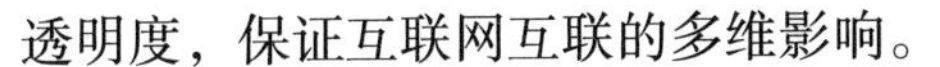

透明度，保证互联网互联的多维影响。

统一规范数据标准。数据标准是关于数据的表示、格式、定义、结构化、标记、传输、操作、使用和管理的书面协议。数据标准实现了透明度和理解，是提高数据质量的一个非常重要的部分。数据标准的使用可实现数据元素及其元数据的可重用性，从而减少系统之间的冗余，提高可靠性并（通常）降低成本。其通过提供允许的代码集的维护和管理来确保代码集使用的一致性，评估国家商业实践与国际规范和标准的契合度。

加强数据安全管理，保障关键基础设施安全性。数据安全是指在数据的整个生命周期内对其进行保护，使其免受未经授权的访问并不被损坏。数据安全包括数据加密、散列、标记化和密钥管理实践。数据安全管理能够保护所有应用程序和平台上的数据。全球各地的组织都在大力投资信息技术网络安全能力，以保护其关键资产。无论企业是需要保护品牌、智力资本和客户信息，还是需要为关键基础设施提供控制，其进行事件检测和响应以保护组织利益的手段都具有三个共同要素：人员、流程和技术。数据安全工具和技术需应对当今复杂、分布式、混合和/或多云计算环境所固有的日益增长的挑战。其中包括了解数据所在的位置、跟踪谁有权访问它以及阻止高风险活动和潜在危险的文件移动。使企业能够采用集中式监控和策略执行方法的综合数据保护解决方案简化任务，包括数据发现和分类工具、数据和文件活动监控、漏洞评估和风险分析工具和自动合规报告。

推行数字化生态，助力可持续发展。数字生态系统是一组相互关联的信息技术资源，可以作为一个单元运行。数字生态系统由供应商、客户、贸易伙伴、应用程序、第三方数据服务提供商和所有相关技术组成。互操作性是生态系统成功的关键。从提取基本资源到 IT 组件、组装、运输、使用和最终处置，IT 工具都会产生污染。由于用途的增加和密集化以及全球数字技术的大规模民主化，这个问题在绝对方面和相对方面都在迅速增长。国际能源署的数据显示，除了对温室气体排放的影响外，2019 年数字技术消耗了全球 4.2% 的一次能源、0.2% 的水和 5.5% 的电力。因此，通过实施一定数量的针对数字生态的最佳实践来尝试减少这种影响变得至关重要。其中，一些实践可以在整个组织中部署，而其他实践可以在个人环境中部署。

三、网信技术性基础设施推进治理现代化

互联网管理体制自党的十八大以来进行了重大改革。党的十九大报告中也多次提到互联网建设，涉及互联网管理应用建设的不断完善等方面。数字经济时代，互联网已成为社会的基础连接。要利用数字战略决定数字化的方向，阐明组织利用互联网和万维网功能的方法，加强网信基础设施建设，推动政府数字化转型，提高治理现代化水平。

数字治理是用于为组织的数字存在（即其网站、移动站点、社交渠道以及任何其他支持互联网和 Web 的产品和服务）建立问责制、角色和决策权的框架。拥有一个设计良好的数字治理框架，明确数字团队中谁拥有这些领域的决策权，可以最大限度地减少组织数字存在的性质和管理方面的争论。

构建数据合作，创建开放数据和个人数据存储，以实现互利。交互服务、日常交易以及日常协商的方式都会生成数据。数据合作社拥有多类利益相关者的能力有可能为数据用户和数据主体交换数据创造更公平的环境。组织内不同类别的影响可以通过对用户（如与数据主体具有相同投票权的研究组织）的投票权的公平分配来管理。

推动数字政府改革，优化创新政务服务模式。数字政府服务（也被称为电子政务）被定义为使用信息和通信技术在政府内部以及政府与公众之间提供的服务。常见的数字政府服务范围从填写纳税申报表到更新驾驶执照再到申请宠物执照。几乎任何政府表格或服务都可以以数字方式提供。传统上，政府服务是由不同地点的各个部门提供的，并且经常使用纸质表格。借助数字服务，政府可以随时随地通过任何平台或设备向公民提供信息和服务。在实施数字服务时，创新者可以应对与内部风险规避和用户采用相关的挑战，但这些挑战很容易克服并迅速被收益所取代，其中包括：为公民提供更好的在线用户体验，增加公众参与，提高内部效率和生产力，减轻 IT 负担（使用基于云的技术交付时），部门之间更好的协作，降低人工成本并带来更多创新。重要的是，从传统服务过渡到数字服务的组织不再受限于电话或服务台。政府工作人员可以

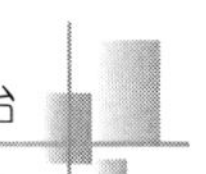

主动思考其他战略举措并采取行动。例如，他们可以投入时间来简化采购和审批流程、改进招聘、简化后端流程以及纳入技术标准。

建设新型智慧城市，推动城市平台高效运行。大数据、物联网和云计算应运而生并得到广泛应用。只有充分利用新兴技术的发展，智慧城市才能实现自己“智慧”的本质。将大数据与智慧城市相结合，能够进一步提升城市的智能化水平。利用蜂窝和低功耗广域（LPWAN）无线技术能够连接和改善为居民和游客提供服务的基础设施，提高效率、便利程度和生活质量。基于云的物联网应用程序能够实时接收、分析和管理数据，以帮助市政当局、企业和公民做出更好的决策，从而提高生活质量。公民可以通过使用智能手机和移动设备以及联网汽车和家庭等各种方式参与智慧城市生态系统。将设备和数据与城市的物理基础设施和服务配对可以降低成本并提高可持续性。在物联网的帮助下，社区可以改善能源分配、简化垃圾收集、减少交通拥堵并改善空气质量。

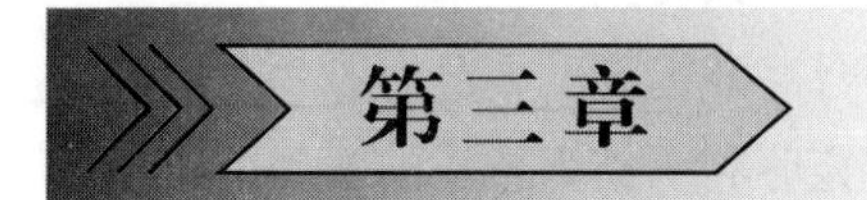

第三章

铺就网信制度性基础设施，支撑国家竞争优势

信息革命突破了上帝的“围栏”，形成了一个既包容物理世界又对其进行数字化重构的“液态社会”，整个社会从固态走向液态，从对接走向渗透融合，物理隔离成为不可能，制度性基础设施建设成为网信基础设施（也包括传统基础设施）运行的关键。随着数字革命和智信社会的发展进程加速，各国治理体系和治理能力的现代化呈现出了现代性与“超现代性”的迭代特征，并形成了“技术赋权与权利义务平衡的价值理念、去中心化与泛在化的体系性构架、平台引领与软硬协同的治理模式、算法决策与代码规制的秩序形态、纠纷解决机制的可视化趋向等”[①] 同步混合运动的数字社会治理逻辑。数字革命孕育的新治理逻辑推动了网信的迭代发展以及数字时代的法治化转型，并构建了包容共享的社会治理原则与社会运行机制，同时通过制度的设计，也为将来中国域外治理提供了启示，最终为提高中国在国际上的竞争优势提供了根本动力。

① 马长山．数字社会的治理逻辑及其法治化展开［J］．法律科学：西北政法大学学报，2020（5）：3－16．

第一节　网信技术导致了制度产业的诞生

数字社会是建立在科技创新之上的，要求社会管理必须坚持指标化管理、数据化管理。而当前世界正逐渐向数字化、网络化、智能化的新发展时期转型，经济社会的各领域已被新一代信息技术全面融合渗透，同时其对社会治理的引领作用也在逐步增强。由此，隐藏在公民社会中不以物质形态存在的制度产业必将顺应其变，通过一定的强权政治，抑或是技术积累形成的知识产权优势等基础，形成强大的制度产业，也即规则导向产业。通常来说，产业为经济体中有效运用资金与劳动力生产制造品或服务的行业集群，专门生产独立产品的各部门成为独立的产业部门群，如“农业”“工业”“服务业”等。而在产业的内涵与外延中，我们常常忽视了一类十分重要的产业，那就是制度产业。

一、制度设计维持美元霸主地位

19 世纪，作为全球第一大经济体的英国，凭借贸易、战争和殖民地将金本位制输出至世界各角落。20 世纪后，美国经济规模开始超越英国，与此同时西方世界对金本位的弊端也已无法容忍。在美国 GDP 超过英国并位居全球第一后，美元逐步取代英镑，开启了其霸权之路，也彻底地结束了金本位制。

（一）美国制度产业肇始于布雷顿森林体系

美国通过将美元与黄金挂钩，确立了其货币的霸权地位，并构筑了以美元为中心的“布雷顿森林体系”。但这也在一定程度上限制了美国印钞的能力。二战以后，美国连续卷入了朝鲜战争和越南战争，不得已印了大量美元来维持战争开支，向全世界转嫁债务。这两场战争打掉了美国将近 8000 亿美元，由于其难以维持相应的黄金储备，加之欧洲各国出现挤兑黄金现象并开始独立发行本国货币，时任美国总统尼克松也

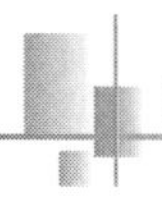

宣布美元与黄金脱钩，成为国际流通货币。自此，用于交易、结算、储备且已有20多年历史的美元开始出现失去国际地位的危机。虽然美国的失信且不负责任的行为让美元出现了严重的信用危机，一度失去世界货币的地位，但即便如此，美国所拥有的强大的军队、科技、国力，都为美元的世界货币地位提供了最强有力的支撑。

（二）美元—石油体系替代布雷顿森林体系

布雷顿森林体系瓦解后，标志性事件（即“尼克松冲击”）使得美国将目标转向“液体黄金”——石油。当中东人民还未意识到石油的重要性时，西方资本家便已开始了其利益收割的步伐，很快便垄断了石油开采。七大石油公司中美国独占其五，控制了60%的石油开采。

1973年第四次中东战争爆发，沙特作为全球最大的石油来源国，局势十分紧张。美国抓住机会，以提供军火和保护为交易条件，通过与沙特达成协议构建了美元—石油体系，协议内容后来也外延至其他欧佩克成员国。

现代世界工业消耗着大量的石油。石油被视为现代工业的“血液”，任何国家要发展，都离不开石油，除非放弃工业化，这使得石油几乎成为硬通货一般的存在。美国将美元与石油挂钩使得国际贸易结算需要使用美元，于是“黄金—美元”体系至此彻底更换为“石油—美元”体系。持有美元的国家相当于付出实打实的商品来换取美国人印制的“特殊纸张”——美元。而美国需要其他国家的资源和产品时只需要一台印钞机即可。更为严重的是，国与国之间使用美元进行贸易，加上美元的汇率比较稳定，使得各个国家只有储存足够的美元作为外汇储备，才能保证对国外的支付。这样一来，美元再次确立了世界霸权地位。

（三）美国利用美元机制收割世界财富

首先，美国将美元输出至全球。美联储大量印刷美元，使得美国向国外输出了大量的美元，造成了后续诸如20世纪70年代的拉美危机、90年代的亚洲金融危机以及希腊债务危机等严重后果。20世纪70年代，在低利率资金的诱惑下，阿根廷、巴西、墨西哥和秘鲁等拉美国家

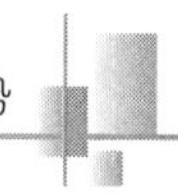

借入了大量以硬通货计价的债务。[①] 大量的美元流入拉美，造就了拉美的繁荣。据统计，1970～1982 年，拉美的外债由 212 亿美元攀升至 3287 亿美元。[②] 但好景不长，随着美联储采取货币紧缩政策，美元利率大幅上升，一度超过 10%，大量的国际资本回流美国。拉美货币巨大的贬值压力使其美元债务成本大大增加。1982 年开始，资本大量流出拉美地区。由于外汇储备的严重不足，因此在危机来临时这些国家根本没有任何抵御能力。墨西哥、阿根廷等国无法偿还债务，导致了拉美债务危机的最终爆发，而美元机制则像剪刀一样，狠狠地剪了一次拉美的羊毛。经美元洗劫的地区民生凋敝、经济萧条。这个时候，美联储宣布降息，美国人拿着低息贷款，用流入的资本轻松收购国外跌到白菜价的优质资产。这一来一去就可以从中赚取巨大的利润差。美国就是这样利用美元世界货币的地位，通过货币政策的加息和降息手段轻松地获取世界的财富。

简单来说，美国通过庞大的贸易逆差（进口额大于出口额的现象）向世界输出美元，又通过美国国债的形式将输出的美元回收，如此循环往复，通过不断地加息和降息收割全球的财富。

其次，美国通过制度设计以铸币税攫取世界财富。美元的世界货币地位使美国成为征收国际铸币税最多的国家。按照相关统计计算，截至 2018 年底，市场上流通的美元给美国政府带来的铸币税收益达 1.6 万亿美元，其中大概 2/3 是由境外流通的美元带来的。[③]

最后，浮动汇率下的美国可以自主搭配财政和货币政策，而无须承担稳定汇率的责任。其无论是采取量化宽松政策还是加息缩表政策都具有很强的利益吸附性，著名的索罗斯做空就是基于美元霸权的典型例子。美国以汇率为工具，不断将放水产生的风险和危机通过美元强权体系向全世界转嫁。同时美元汇率的下降使大家手中持有的大量美国债

---

① 江迪蒙．金融支持、经济结构调整与中等收入陷阱规避［D］．厦门大学，2014.

② U. S. Federal Deposit Insurance Corporation，Division of Research and Statistics. The LDC Debt Crisis. Chapter. 5 in History of the Eighties – Lessons for the Future，Volume I：An Examination of the Banking Crises of the 1980s and Early 1990s［M］. Washington，DC：Federal Deposit Insurance Corporation，1997.

③ 格物资本．美国霸权下的金钱与权力［R/OL］．［2020 – 9 – 27］. https：//ishare. ifeng. com/c/s/v002wCM12GBdvQopeeT5PsNtEN49pbCAFl9FFiqwdOeuZeY.

券、美股等美元资产大幅贬值，从而达到收割世界财富的目标。

新冠肺炎疫情在美国大爆发后，美联储与特朗普政府达成一致，开启了历史上罕见的大放水，截至2020年3月，多次救助刺激计划放水已达2万亿美元以上，后续又发布了2.3亿美元的刺激计划，但钱不会凭空出现。在美元霸权体系下，放水的弊端很容易就会转嫁到其他国家，造成各国的消费者物价指数（CPI）暴涨，物价飞涨，从而使财富分化加剧。各国基于风险考量所进行的美国国债外汇投资，在美国持续印钞对外转嫁危机使得美元汇率下降的情况下价值大幅下降。这变相地成为美国又一财富收割手段。

美元国际货币地位的形成在于美国精心设计的一系列制度体系。通过这些有利于美国的制度体系，美国形成了世界上规模最为庞大、收益最高的制度产业。首先，依照国际分工格局构筑的“美元币缘圈”使跨国公司将产业链高端部分留在本国，而将产业链低端部分进行转移，从而形成了一个垂直分工的体系。美国还通过美元作为国际交易货币，同世界主要进出口国形成“美元币缘圈”，以获得高额且长久的利益回报。其次，基于石油、军事和金融衍生工具的“三位一体”的信用操控机制。[①] 美元除了作为流通货币之外，更体现出了信用货币的价值，其基础是美国的综合国力，主要反映在财政状况上。一般而言，财政状况恶化，会传递出政府危机的信号，从而影响货币的信用。针对于此，美国通过金融操作及对大宗商品定价权的控制等方式，强行输出由于巨额赤字形成的潜在通货膨胀，将风险向世界转嫁，从而维系信用货币的地位。最后，利用以新自由主义思潮为特征的自由市场经济理论。美国通过其经济学思想输出这一理论工具，大力推行美元霸权。正是这一套经济学思想极大地促进了国际贸易，为美国的金融投机提供了理由，并使收益私有化，扩散全球化投机风险。

在工业社会进程中，制度产业需通过国家层面进行制度的设计与维护才能获取，但在数字经济文明后，个人同样可以设计和运营制度产业，如平台经济的出现、融合式经济的出现均成为网信时代制度性基础

---

① 陈硕颖．试析新自由主义支撑下的美元霸权［J］．高校理论战线，2012（11）：19－22.

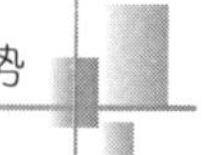

设施的新形态。

二、明确中国法定数字货币地位，推进国际数字税谈判进程

国际数字货币地位的竞争与历史上美元国际货币地位的确立有千丝万缕的联系。当前，随着中国综合国力不断增强，以习近平同志为核心的党中央反复强调国家治理体系和治理能力现代化，高度重视参与国际治理。因此，中国的制度设计和制定能力显著提高，国家层面上制度产业的形成条件已初步具备。这也为中国顺应网信发展、设计和布局制度产业提供了坚实的基础。

（一）法定数字货币

美元占据国际货币地位，两个最大的武器是美元结算和国际资金清算系统（SWIFT）。国际汇款的时候要通过 SWIFT 发送数据到美国的银行体系，进行美元结算，这样才能完成交易。当前全球所有国家都在使用 SWIFT 做金融数据传输。若一国货币在国际贸易中的使用量占比开始上升，威胁到美元的地位，那么美国实际上可以要求该国放弃继续使用这种货币进行国际贸易，否则便限制该国使用 SWIFT，将其从国际贸易体系中剔除，使其成为 21 世纪的孤岛。若一国通过技术开发出了一套新的金融数据传输系统，绕过 SWIFT，美国则可以要求本国银行不得使用新系统，同时以中断与欧洲各国交易为条件要求欧洲银行也不得使用该系统。由此该国金融系统仍旧会被排除在美欧体系之外，进而被其他国家孤立。因此就必须通过一种方法，同时绕开美元结算和 SWIFT，这也就是数据货币存在的意义。在数据货币以前，同时绕开美元结算和 SWIFT 在技术上和物理上都是不可能实现的，但网信的发展、数据时代的到来让不可能逐渐成为可能。

（二）网信发展颠覆传统税收规则，数字税应运而生

数字经济时代，数据作为新型“石油”，成为继土地、劳动、资本之后的新型生产要素，并逐步成为当前基础性战略资源。互联网用户作为数据的创造者，赋予了数据私人产品属性。企业借助平台优势和技术

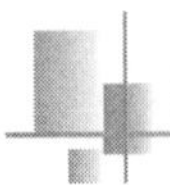

领先，将获取的“私人产品”进行一定的加工、定价，并加以利用或出售，其价格和价值受到正视。在中国，数据的价值和产权归属过去往往被人们所忽略。在经济全球化的背景下，随着网信技术性基础设施的不断完善和发展，各领域跨境交流和交易使得数据跨境流动越来越频繁，这对中国经济运行、社会治理、国防发展等至关重要。

目前已有超过30个国家通过各类形式进行数字税的征收。未来将数字商业模式征税合理化的思路是将数字经济视作地点特定经济租（location specific rents）的专门来源。数据作为与石油这一自然资源类似的经济租被征税。数据虽然不具有竞争性，但可通过制度的设计及法律框架体系的设定使其具备与石油产品相同的排他性商品的属性，并成为地点特定经济租。此外，数据的估值问题、数据的管理和合规方面也面临着新的挑战，因此亟须重新制定相应的法律和规范。当然不论未来数字税的具体形式如何，其创造的潜在税收都是非常可观的。

对于货币来说，数字货币或传统货币只是形式，真正决定一国货币能否成为全球主流的，还是货币背后的国家信用和国家经济能力。因为每个国家的货币都是可以通过自己开动印钞机就制造出来的，成本几乎可忽略（换成数字货币后连印刷成本都没有了），所以一国货币的价值很大程度上取决于其稳定性。美国过去10年虽然也通过美联储印制了非常多的美元，但其通过强大的国家经济和军事能力，使美元即使在布雷顿森林体系瓦解、脱离了与黄金的挂钩关系后，依然维持着全球货币霸主的地位。

所以中国如果期望在货币层面能打破美国的垄断地位，只依靠数字货币的便捷性是不够的，需要寻找一个全球通用的等价物做对标，例如之前美元对标黄金。人民币也必须选取一个标的以稳固中国法定数字货币的国际地位。另外，美元是美国能享受世界红利的核心，一旦触碰到这点，必然会引起美国强烈的反击。因此，中国尚需逐步建立国际信用，进而明确中国法定数字货币在国际上的地位，加大数字货币试点和推广的力度，抢占新一轮货币竞争先机；同时，逐步开展数字税研究和国内试点，主动积极参与国际数字税谈判进程，力求在新一轮制度重构中发挥引领作用。

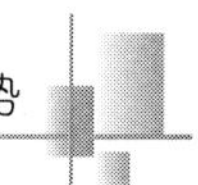

专栏3-1　开创ARM全新时代，引领创新支柱产业

安谋（ARM）公司，全称Advance RISC Machines，是一家同时在伦敦和纽约上市的英国公司，与英特尔（Intel）并驾齐驱。在移动智能终端的整个历史上，ARM公司一直处于芯片市场的金字塔顶端。全球有八成以上的移动智能终端的芯片采用ARM架构处理器，超过七成的智能电视也在使用ARM的处理器。

ARM依托其IP授权商业模式——“伙伴关系（partnership）”开放模式——创造了芯片行业近50的夸张市盈率，通过收取一次性技术费用、版税提成等方式赚取利润，开创了属于它的全新时代，创造了由其引领的支柱产业。

ARM公司三种授权模式：

（1）处理器授权：授权合作厂商使用其设计好的处理器，不允许客户改变原有设计，但允许客户根据自身所需调整产品的频率和功耗等。

（2）处理器优化包（processor optimization pack，POP）授权：它是处理器授权的高级形式，ARM公司会出售优化后的处理器给授权合作厂商，以方便其在特定工艺下设计、生产出性能有保证的处理器。

（3）架构授权：ARM公司会授权合作厂商使用自己的架构，以方便其根据自己的需要来设计处理器。例如，高通的Krait架构和苹果的Swift架构均是在取得ARM架构授权后设计完成的。

因而授权费和贯穿整个芯片设计环节的版税的收取就成了ARM公司的主要收入来源。ARM公司通过这种授权模式，极大地降低了企业的研发成本和风险，构建了风险共担、利益共享的合作共赢模式，并最终形成了一个以自己为核心的芯片产业生态圈。简单来讲，对于ARM公司来说，合作伙伴的成功就意味着自己的成功，它通过以自身为核心建立的“双赢”的共生关系，形成了区别于英特尔的独特的支柱产业。

资料来源：作者根据相关资料整理而得。

第二节 网信标准既规范个人行为也规范政府行为

路易斯（Lewis，2018）指出，与几个世纪前超级大国之间争夺领土和资源的冲突不同，当前的竞争是在全球规则、机构、贸易、标准或技术领域的激烈竞争。① 拥有新技术并制定全球标准的国家将在数字化转型的新时代占据有利地位。国际标准的制定已经成为中国国家科技政策的核心部分。随着中国在国际经济中的地位越来越重要，中国利用其巨大市场中日益增强的议价能力作为一项资产，来制定本土标准。② 如今，这一战略已转变为以知识产权为基础的新战略。目前，中国已经在人脸识别技术的国际标准化方面处于领先地位，未来将继续在新兴领域把重点放在知识产权的产生上，以确立标准。

近年来，标准化战略在企业层面和国家政策层面对产品创新产生了越来越深刻的影响。随着互联网技术的飞速发展，许多数字设备通过网络和标准化接口进行连接。这种生产观念的转变导致了标准化生产和专利嵌入标准的增加。关于知识产权问题，国际社会一直存在着激烈的争论，世界各地知识产权立法的执行情况也参差不齐。但是，有一种日益增长的全球化趋势，将新的标准化扩展到管理、服务和社会机构。在物联网时代，标准化的作用扩展到确保其互操作性，使计算机系统或软件能够跨国界无缝地交换信息。对中国来说，这显然是一个新的挑战，需要利益相关者的广泛参与，以妥善处理多种技术的融合和跨行业的标准化问题。

一、适应信息革命需要，增强中国国际标准化治理能力

当前网信的迭代发展逐渐构筑起数联网社会，国家标准化体系也在

---

① Lewis, A. M., Ferigato, C., Travagnin, M. & Florescu, E.. The Impact of Quantum Technologies on the EU's Future Policies: Part 3 Perspective for Quantum Computing [R/OL]. 2018. https://publications.jrc.ec.europa.eu/repository/handle/JRC110412.

② Mi-jin, K., Heejin, L., Jooyoung, K.. The Changing Patterns of China's International Standardization in ICT under Techno-nationalism: A Reflection through 5G Standardization [J]. International Journal of Information Management, 2020, 54 (6): 102-145.

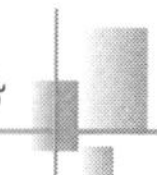

不断变化。中国经济已进入高质量发展阶段，只有提高标准才能提高质量，因此要建立符合高质量发展要求的标准体系，以促进经济社会更优质、更高效、更公平、更可持续的发展。

在超级大国之间，当前的竞争在全球规则、制度、贸易、标准和技术领域显得十分激烈，拥有新技术和能够制定全球标准的国家将在新一轮数字化变革中占据有利地位。在这种趋势下，各国正处于“技术战争”或“标准战争”中，在新兴技术特别是5G技术上争夺技术标准优势，以期在国际社会标准制定领域起到引领作用。无论在国家还是世界范围内，标准化都是创新及其传播的重要因素，已经成为各国国家科技政策的核心部分。中国标准的国际化战略逐步从“追赶”战略转向“先发”战略。①

中国标准化战略的核心是争取制高点，提高中国标准的国际化水平。鼓励企业、社会组织、产业联盟以及国家各级部门积极加入国际标准化制定大军，在更多的国际标准组织（如国际标准化组织、国际电信联盟等）中担任引领角色，进一步增加中国在国际社会中的标准制定话语权；推动中国技术标准成为国际标准，建立以企业为主体、相关方协同参与国际标准化活动的工作机制，培育、发展和推动我国优势、特色技术标准成为国际标准，服务我国企业和产业走出去；② 时刻跟进国际标准更新并及时评估，实现与主要贸易伙伴间的标准一致。上述措施能够使中国参与国际标准化治理的能力进一步增强，使中国标准在国际上的影响力得到不断提升，从而使中国迈入世界标准强国行列。

标准化是当代规则制定中最具争议和范围最广的领域之一。尽管有完善的法律框架和大量的研究，但与制定技术标准有关的工业管制的许多方面还有待探索。特别是在复杂的标准制定过程中，例如在获得标准和给予标准服务组织对其创造物的专有权之间的平衡，在专利货币化和根据现有标准开发新技术之间的平衡，在考虑社会和安全利益的情况下

---

① Mi-jin, K., Heejin, L., Jooyoung, K.. The Changing Patterns of China's International Standardization in ICT under Techno-nationalism: A Reflection through 5G Standardization [J]. International Journal of Information Management, 2020, 54 (6): 102-145.

② 汪红蕾. 高屋建瓴　推动工程建设标准国际化 [J]. 建筑, 2018 (23): 12-16.

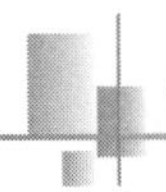

进行创新和技术进步继续蓬勃发展之间的平衡，许多问题仍然没有被解决。[①] 然而，实现这些平衡至关重要，特别是在涉及全球性和多层面标准化的时候，以及在诸如信息和通信技术等传统上由技术因素驱动的部门出现社会关切的时候。在这些方面，如果不能顾及所有相关利益，就可能造成针对同一功能有多种标准的局面，从而对制定普遍适用的标准的全球努力产生负面影响。

综上，国家或个人要成为制度产业的产生者，必然要实现专利标准规范化、规范运营化、运营收益化，进一步解决国际数字技术重点问题，开发国际层面政府行为准则、商务准则、会计准则以及国际政务准则。

二、构建国家标准战略框架，完善制度性基础设施

标准是由行业领先公司和国际行业协会组成的联盟制定的，根据行业和产品的不同，标准可以产生于惯例或特定供应商的市场主导地位，也可以产生于正式协议。当前中国在标准制定方面较为成功的例子之一是通过国家电信领军企业华为的5G技术调节的针对全球5G标准的影响。据德国专利数据公司IPLytics数据显示，华为拥有最多的5G运行所需的“标准—关键专利”，其次为诺基亚和三星。此外，华为还组织领导了第三代合作伙伴项目（3GPP）的标准提案，即一个由标准组织组成的保护伞组织，为移动通信开发协议，其中有1/4已获得批准。

在国家层面上，中国高度重视自身在制定技术标准方面的关键作用，并力争主导下一代技术。所谓“三流企业生产产品，一流企业制定标准”，中国旨在成为后者目标的捍卫者。

当前，中国推广其对未来技术规范的愿景一方面是通过国际电信联盟（ITU）、联合国负责信息和通信技术的专门机构、国际电工委员会以及出版电气、电子和相关技术国际标准的行业协会增加其在全球标准组织中的影响力；另一方面是通过中国的数字丝绸之路（DSR）项目，

---

① Kanevskaia O.. Governance of ICT Standardization: Due Process in Technocratic Decision-Making [J]. SSRN Electronic Journal, 2019, 45 (3): 549-618.

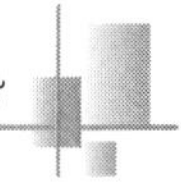

在伙伴国家建立数字或技术基础设施，其中智慧城市基础设施尤其受到欢迎。

此外，要通过提高标准、质量和优化竞争规则等措施，增强技术创新的动力，提高企业的技术创新能力，在重点地区建设一批国家制造业创新中心，完善国家质量基础设施，使其与标准计量、认证认可、检验检测、实验验证等工业技术基础公共服务平台一道，共同推动制造业的优化升级，完善相关标准体系，从而为全面建设社会主义现代化国家奠定坚实的基础。

专栏3－2　发达国家实施标准化战略的特点及宝贵经验

美国一直采用传统的自愿性标准来满足民众的要求和企业的需要，并通过政府部门的立法采用，使标准被赋予强制性。2000年，由美国国家标准学会（ANSI）董事会一致通过的《美国国家标准战略》（NSS），重申了美国致力于以部门为基础的有关国内及全球范围内自愿性标准化活动的方法。NSS建立了一个标准化框架，该框架基于美国体系的传统原则，如共识、开放和透明，同时还格外重视速度和相关性，并能够满足不同公众利益团体的需要。2005年，美国国家标准学会发布了《美国标准战略》（USSS）发布，其中是这样描述美国的标准体系的：美国的标准体系加强了公众利益，提高了美国工业的竞争力，并促进了自由化的全球贸易系统。美国的标准体系是资源型和分散性的体系，由国家有关部门颁布技术法规，各有关部门和机构自愿编写和资源采用相关的技术标准。在自愿性国家标准体系中，美国国家标准学会充当协调者，其本身较少参与制定标准的工作，而专业和非专业的标准制定组织和机构、各行业协会和专业学会在标准化活动中则发挥着主导作用。

德国标准化学会（DIN）发布的《德国标准化战略》中提出，德国已经制定了正确的决策，那就是系统地分析德国标准化系统的环境。在这个标准化环境中，标准化发挥作用并且作为战略调整的基础。德国标准化战略提出了五个目标：一是确保德国作为领先工业国家的地位；二是有力支撑成功的社会和经济；三是用标准化作为撤销法规管制规定的

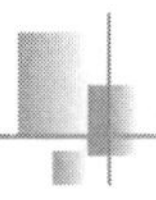

手段；四是通过标准化和标准促进技术集中；五是为标准化机构提供有效的程序和工具。在第四个目标中，为了满足技术的集中涌现，并积极支持这一过程，标准化必须由传统的产品层面进化到系统标准化这一层面。基于市场的系统标准化需求调整为基于部门的需求，并与欧盟及国际标准化机构协作。因此，系统标准化需要有机地构造，以使其在调整过程中更加灵活。

英国在国家标准化战略框架（NSSF）中对标准的作用给予了高度的重视：标准，影响着我们所做的任何事情。随着经济与行业的发展，标准的国际化程度不断提高，对标准体系进行评估的必要性也愈发凸显。NSSF 对标准化系统的定义包含相关的标准化机制、组织机构以及参与标准化活动的相关代表。标准体系的作用可以分为三个层次，即单一标准的制定、一组相互关联的标准的制定，以及将标准体系方法用于全球标准制定系统层面。

针对欧洲各国各自为政、难以形成合力的现状，为提升欧洲的竞争力，欧洲国家采用了区域整合的战略，以成立欧盟统一体的形式，打破欧洲各国间的藩篱，对外制定统一的贸易政策，对内打破欧洲国家之间的贸易壁垒，形成统一的市场。战略一方面要求欧盟成员统一遵守具有强制效力的法令；另一方面通过统一的标准促进区域贸易，强化欧洲竞争能力。欧洲标准由三大公认的欧洲标准化组织编制发布，分别是欧洲标准化委员会（CEN）、欧洲电工标准委员会（CENELEC）和欧洲电信标准协会（ETSI）。

国际标准化组织（ISO）发布的《ISO 战略（2016～2020）》中指出，ISO 通过其 165 个国家标准机构成员形成了专家知识分享平台，并自愿开发基于共识的国际标准。同时，各成员国将尽一切努力吸引和响应行业、监管机构、消费者和其他利益相关方的需求。在 2016～2020 年，ISO 的战略计划侧重于以下六个方面：一是凭借全球成员优势开发高质量的国际标准；二是有效地组织利益相关方和合作伙伴；三是以“人与组织共同发展”作为坚实基础；四是有效的技术应用；五是注重沟通；六是最终实现 ISO 标准的普及。

总之，西方发达国家和国际标准化组织广泛运用系统工程的方法来开展标准化工作。美国标准体系的优势在于它是基于动态结构，以机构

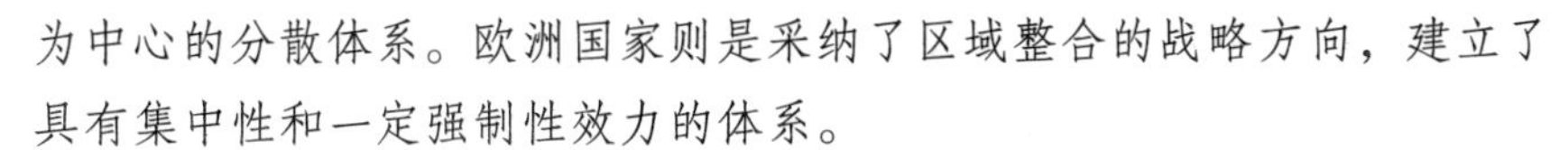

为中心的分散体系。欧洲国家则是采纳了区域整合的战略方向，建立了具有集中性和一定强制性效力的体系。

资料来源：作者根据相关官方资料整理而得。

第三节　产业联盟决定未来人类共识

随着全球网信技术的不断发展跃迁，全新的数字化技术（如云计算、AI、区块链等技术）及其相互间的深度融合的作用日渐凸显，网络化、数字化、智能化进程不断突破“上帝”的围栏，在人类有史以来惯常生活的现实空间外开辟出了虚拟空间，在人的天然生物属性外填赋了数字属性。例如，AI 技术使得机器拥有了“生命”，形成了人机协同的状态。此时，各类产销数据、关系数据、身份数据、行为数据以及语音数据等成为替代传统生产要素的新时代的“石油”，搜索引擎、商业平台、物联网等各类新业态迅速崛起，从社会生产到日常行为都呈现出日益加深、日益全面的数字化生态，人类生活也面临着全面的改写和重建。数字化生态这一全新景象完全突破和改变了物理的“时空体制”，不只加快了沟通交流的速度和经济过程与生产过程的“虚拟化”，还会形成新的职业结构、经济结构以及沟通传播结构，开启新的社会互动模式，甚至是新的社会身份认同形式。

战争起源于人的思想，故务须在人的思想中筑起保卫和平的屏障。产业是人类融合的基础，在“超现代性”的颠覆性变革面前，产业联盟作为一种动态的重要资源组织，同时也是发挥制度产业强劲生命力的重要载体。产业联盟能够聚集政府、企业、居民等各类角色，能够以相较于企业并购等较低风险的模式进行较大规模的资源配置。

一、国际电信联盟引领网信产业，推进网信制度演化

国际电信联盟以其在各大领域的标准制定权确立了它在电信领域的领导地位，并且在国际网信治理制度的制定和演化过程中起到了十分关键的作用。国际电信联盟在过去的 25 年间一直针对信息和通信技术政

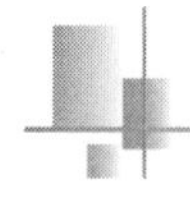

策和法规进行领先的研究和分析。国际电信联盟发布的政策建议和监管方法《最佳实践指南》从信息通信技术（ICT）监管机构创建之初就一直陪伴着他们走向经济和社会的数字化转型。国际电信联盟提出了ICT监管“世代”的概念，到目前为止已经确定了共五代ICT相关管制办法，历经了从第一代的指挥和控制办法到第五代的协调各部门的协作办法。

国际电信联盟通过其设计的信息和通信技术监管程序跟踪各国从第一代到第四代的过渡情况。追踪者的指标与国际信息和通信技术监管机构每年通过的国际电信联盟全球监管机构研讨会《最佳实践指南》所概述的指导原则密切相关。《最佳实践指南》被认为是现代信息和通信技术监管的核心，是当前负责信息和通信技术的监管机构集体智慧的体现。一直以来，国际电信联盟在国际信息和通信技术领域都占据着制度演化引领者的地位。

第五代监管即协同监管是一个前瞻性的概念，也是当前信息和通信技术规则的理想目标，可以推动全球ICT市场走上数字化转型的道路。国际电信联盟于2016年制定了第五代“协同监管”办法，并在此后每年的全球监管机构研讨会上进行测试。随着这一概念的不断发展，2020年国际电信联盟将其作为一个框架来讨论监管模式和政策的演变，同时为行业和监管机构勾画出迈向数字化转型的道路。

第五代监管（G5）是国际电信联盟基于世代信息通信技术监管概念定义的一个宽泛的概念，标志着监管执行方式、整体恒测基础和利益相关者（从政策制定者、单一部门和跨部门监管者到任何规模的市场参与者）的根本性转变。它还将监管重点转移到行为以及对市场和发展的影响上，将新的重点放在消费者利益和保护上，并利用政府机构和行业资源，通过有机地协商、协作和调解来提供这些利益和保护。协同监管是由领导、激励和证据驱动的，而不是由命令和控制方案驱动的，它是监管机构用来解决数字转型和数字经济相关问题的一套新工具。

二、多元产业联盟构建多元竞争力

联盟是指两个或两个以上的组织为了实现互惠互利、追求双方共赢等一系列目标而达成的正式协议。通常行业横向联盟能够使联盟内企业享有更大的市场份额；行业纵向联盟（供应商与零售商达成独家协议）能够使知识、专业技能、产品和销售渠道等大量的资源和信息在合作伙伴关系中共享。

中国政府致力于建立一个有效的创新组织体系，构建集政府、企业、大学、研究机构和最终用户为一体的创新网络，即政产学研用平台。通过建立产业联盟，将其作为链接者以协调地方政府、公司和学术机构共同参与活动，并以其作为发展战略性新兴产业的重要工具，实现整合和优化资源、改善和升级产业链、促进产业发展。

以芯片产业链为例。2021 年 5 月 11 日，美国、欧洲、韩国以及中国台湾地区等地的 64 家企业共同成立美国半导体联盟组织（SIAC），几乎覆盖了整个半导体产业链。同时美国相继推出《美国芯片制造法案》和《2020 美国晶圆代工法案》（AFA），旨在给予联盟成员的半导体企业更多的资金优势以发展技术。但在该新半导体联盟的 64 个成员企业中，无一家中国大陆的半导体企业。尽管近年来中国加大半导体产业的发展投入，逐步实现了技术上的去美国化，但新的产业联盟的成立，使得中国大陆更加难以摆脱美国主导的全球半导体供应链的限制。

新兴技术的市场领导者和远见卓识者通过建立行业联盟、特殊利益集团和贸易团体创造和促进了市场接受技术解决方案所产生的价值，主要体现在以下几方面。

（1）产业联盟最大的优势便是获得资源。联盟内的企业通过共同合作，共享劳动力、材料、创造性思维和资本，能够实现超出其单独业务范围的目标。企业无论是通过正式协议还是借助紧密的工作关系形成联盟，都能够获得更多支持。集中资源是任何公司快速成长的一种方式。

（2）联盟可以帮助企业获得更大的市场份额，并使其在此过程中为自己创造安全感。一个竞争激烈的市场会让许多公司争夺一小部分股份，而一个大的竞争对手则能够轻松地占领市场份额中最大的部分。如果这些小公司加入联盟，分享他们的客户和资源，那么他们便可以集结力量应对更大的竞争对手。

(3) 联盟鼓励一种“技术不可知”的发展模式，即竞争者聚集在一起，共同商定有利于世界的技术解决方案的路线图。

(4) 联盟的认证、合规和互操作性（C&I）测试项目促进了全球市场对新兴技术的应用，并在财政上支持该集团继续管理和推进其工作产品。

(5) 企业作为行业联盟的一员可以扩大自身和组织的声音传播范围。行业领导者间提供的强大的网络机会能够使企业有能力贡献和塑造未来的技术，从而使组织和成员企业受益。

(6) 通过联盟的领导和生态系统的支持，技术标准化可以快速地被跟踪，以便能够根据当前行业的需求采用适当的技术解决方案。

联盟在新兴技术的发展和进步中发挥着关键性作用。企业在迈向更先进的未来、新区块链等基本数字技术、人工智能甚至是广泛讨论的垂直市场技术时，通过联盟进一步地发展和提升，能够有效地解决复杂的问题，获取更大的利益。

专栏3-3　人工智能物联网产业联盟构建有边界的“新生态”

人工智能物联网（AIoT）是人工智能（AI）与物联网（IoT）的整合，融合了人工智能技术和物联网技术。其通过物联网从不同维度生成和收集海量数据，并储存在云端和边缘。此后通过大数据分析和更高形式的人工智能，实现万物的数字化、万物变化的智能连接（见图3-1）。

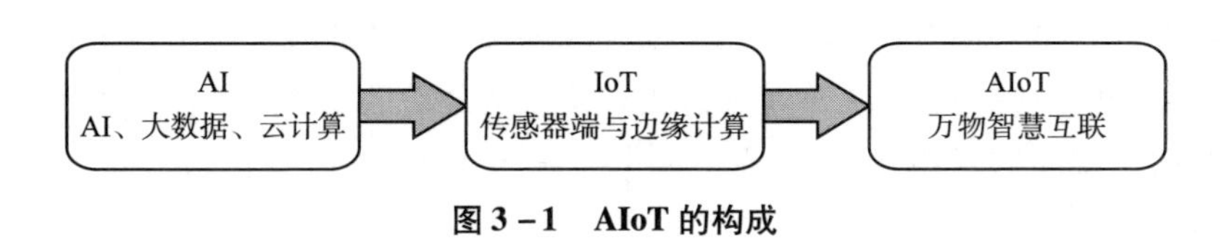

图3-1　AIoT的构成

1. 华为

2019年9月19日，华为首次发起AIoT产业联盟，旨在通过联合全球AIoT领域的合作伙伴、标准产业组织、开源组织、科研机构等，共同培育万物互联的“黑土地”，助力物联网产业发展。

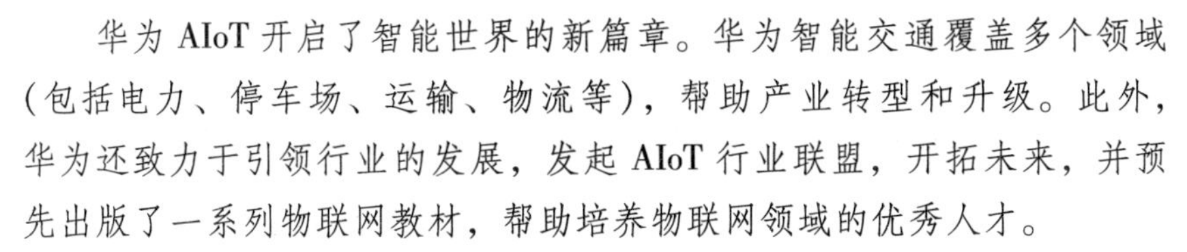

华为 AIoT 开启了智能世界的新篇章。华为智能交通覆盖多个领域（包括电力、停车场、运输、物流等），帮助产业转型和升级。此外，华为还致力于引领行业的发展，发起 AIoT 行业联盟，开拓未来，并预先出版了一系列物联网教材，帮助培养物联网领域的优秀人才。

2. 阿里巴巴

阿里巴巴已经实施了基于天猫向导和阿里云物联网的 AIoT 战略布局。天猫精灵致力于基于 AI 实验室技术的人机交互消费者市场，并建立一个终端物联网生态系统来实现连接和授权；阿里云物联网主要面向商业端企业市场，提供全方位的物联网能力和基于云的解决方案。两者共同服务于当前阿里经济体集合。

此外，阿里巴巴依靠内部基础技术和业务支持，向生态合作伙伴开放技术能力，建立一整套完备的 AIoT 生态系统，并与合作伙伴共同发展。

3. 苹果

苹果公司专注于 iOS 布局，保留其充裕的人工智能功能。苹果在人工智能技术方面拥有丰富的储备，主要包括数据资源、计算平台、硬件载体、机器学习框架、算法能力和通用技术。

苹果物联网的总体布局围绕 iOS 生态系统。物联网业务的核心是 iOS 生态用户，目标是创建涵盖智能办公、智能家居和智能旅行的物联网服务。苹果 iOS 生态系统综合运用了用、云、边、管、端五大领域的技术，这些技术相互交融和影响，实现了苹果生态系统的发展，增加了用户黏性，发展了内容服务业务。

实际上，生态林立并不是 IoT 产业发展的问题，恰恰是在这种不同联盟生态的共存、对比和去伪存真后，“真生态”的联盟才有机会展现更多的力量。我们能够预见，AIoT 产业联盟作为不可多得的“真生态”，在未来会更加积极地推动 AIoT 的生态进化，而各大 AIoT 生态巨头发起的 AIoT 产业联盟能够有效地在产业内甚至在产业的外延形成对未来发展的共识。

资料来源：作者根据相关官方资料整理而得。

第四节　制度是全域、精进和训导的

一、聚力新治理，加快打造“整体智治”的全域数字化治理体系

数字社会的治理逻辑必然会在当下的制度建设进程中获得实践性展开。未来，在网信时代的背景下，社会制度会将数字化治理触角延伸至经济、社会、生态和政府治理体系等改革的方方面面。新场景下的网信环境治理需要调动政府、市场、社会等各方力量，采取一种“全域”的、系统的治理方式，而不是局部的、点状的治理方式。网信时代发展下的全域性主要体现以下几个方面。

（一）全场景治理

当前世界各国正在面临着全球性的挑战，同时也变得越来越相互关联，因此国家治理越来越具有动态性和复杂性。因此，在新兴信息和通信技术的支持下，公共治理和公共政策制定的适当方法和工具的成功开放和协作变得日益重要，并且要逐步形成“全场景”治理体系。

全场景治理又称全场景智慧，是指在面向城市、企业和行业等场景时，通过5G、云计算、人工智能、大数据计算等多种技术与行业知识深度融合而创新产生的裂变效应，其能够提升城市综合治理水平，增强居民的幸福感，提高企业的生产效率，加强行业的创造力。

基于场景治理的五大重点技术包括区块链、移动终端、社交媒体、大数据、传感器和定位系统。通过深入研究人—物—空间交互作用的逻辑和机制，能够收集并运用各项可感知信息。面向窄带的智能化和物联网传感器的自动化信息的采集和处理、面向宽带的音视频信号的采集和处理、面向社区活动的舆情及社会行为的数据采集和处理、面向融合共享理念的全面参与管控的上报信息的采集和处理以及面向社区日常管理和上级数据互联的信息采集和处理等，都是当前全场景治理的重点内容。要合理运用网信时代新兴科技，推进全面感知、数据融合、文化治

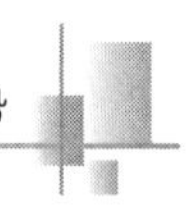

理、物联网全场景智慧社区建设，最终切实推进国家治理体系和治理能力现代化。

（二）全渠道治理

社会本质上是一个开放演化、具有耦合作用和适应性的复杂网络系统，社会治理是一项庞大而复杂的系统工程。[①] 在新兴关键技术嵌入的网信新时代时，主体多元化成为网络信息传播的新特征。未来的社会治理既要保持信息发送端多元主体间的健康互动，规范网络环境，又要重视强化信息平台的规制作用，完善平台建设，为信息接受端提供更加多样化的参与网信建设的渠道。值得注意的是，对部分接触新技术新设备有困难的“弱势群体”也要给予一定的社会关怀，使他们更好地融入当今网信新时代的环境中，成为其中的一员。

（三）全环境治理

网络环境是包括用户、网络、设备、所有软件、流程、存储或传输信息、应用程序、服务以及可以直接或间接连接到网络的系统在内的要素组成的。数字技术泛在化的特性能够使我们未来的网络环境更加清朗，促进形成一个高可信度、高信息质量的网络体系。同时，网络秩序的规制还需配合使用者的道德素养，以打造健康的网络治理环境。

二、网信发展推进制度精进，社会治理实现转型加速

信息革命的迸发加速了未来智信社会的到来，形成了兼具万物互联、分布共享、全景覆盖的智慧混动社会，同时也推进着社会治理制度从和谐秩序不断精进完善到共享秩序、场景治理。国家所构建的多元秩序为社会组织制度创新和精进提供了前所未有的机遇，当然，也带来新的挑战。

当前社会主要存在三个显著的特点。首先，社会的泛在化。一方面

---

① Ruguo F. , Yuehan T. , Huayan G. . Synergetic Innovation in Social Governance in a Complex Network Structural Paradigm [J]. Social Sciences in China, 2016, 37 (2): 99 - 117.

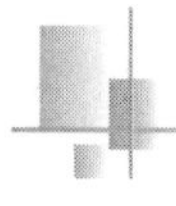

原本稳定的经济结构正随着网信的快速发展迅速碎片化；另一方面随着资源和信息的加速聚集，产业发展趋势逐渐从产业链一体化向平台一体化演进。由此便形成了分散化与大平台、去中心化与泛在化的双向运动，而这种双向运动必然造成微时代与大平台的极化结构，给社会治理制度的完善带来较大的挑战。

其次，社会的微粒化与再组织化。智信社会发展进程中，网信不断重构着社会关系，扁平化、破碎化、自由化趋势日渐明显，数据和算法将主导经济社会秩序，进而导致“微粒社会”的到来。由此人们便从现代性“理性人”转化为可计算的漫步社会的“微粒人”。实际存在的物理基础、人际交往关系乃至政治经济社会都将在算法世界中被给予更精进、透彻的分析和评价。借助人工智能、脑机交互等科学技术的融合，网络空间中的无数节点又将重新排列组合形成系统的虚拟社区，从而组成共建共享的多元社交圈和分疏化的关系纽带。因此，社会在微粒化之后又出现了再组织化。这是信息革命背景下社会组织的新样态，智信社会的制度演化防线面临着随机性的风险压力。

最后，当前社会存在着智慧化和高风险化的特征。智慧化、便捷化、场景化的数字社会新时代给予我们便捷、个性化的生活的同时，潜在的负面影响同样存在。数字鸿沟会造成数字资源的不公平占有和深刻的阶层分化；商业平台普遍存在的“大数据杀熟”现象，无形之中侵犯了网民的隐私和安全；针对算法歧视、算法黑箱等问题，若赋予数字技术以“决策者”的权利，那么以算法来代替人类的行为将成为可能，这严重侵犯了最基本的人权。这些随之衍生出来的风险将会成为未来社会最根本的冲突的一部分，同样也给智信社会治理制度的发展带来了很大的挑战。

但如前所述，制度是精进的。在面对智信社会发展带来的挑战时，要响应智信社会变革的需要，进行实质性的制度探索和创新，培育并完善社会组织的规范化和法治化体系，构建平等的协商与对话平台，赋予社会公众的利益诉求以载体，有效化解网信发展所带来的机会与挑战的矛盾，从而建立共享秩序、场景治理、多元塑造的智信社会。

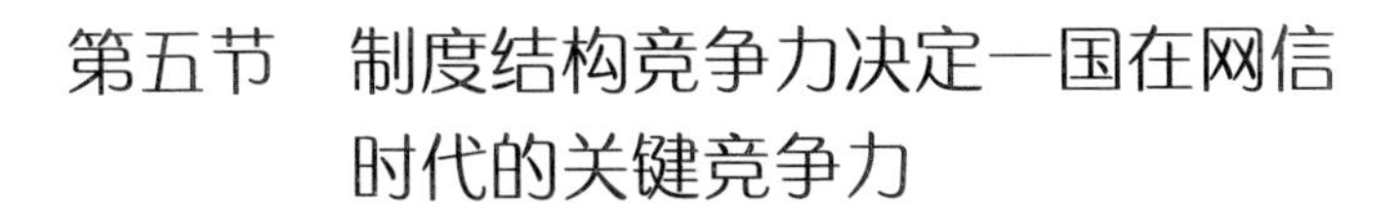

第五节　制度结构竞争力决定一国在网信时代的关键竞争力

过去，农业革命和工业革命都曾对生产生活和人类命运产生了决定性影响，但其更多的是改变了人的生存条件和环境，而非人的属性和存在方式。因此，人们一直处在物理时空中的“固态社会”。现如今，信息革命突破了上帝的“围栏”，形成了一个物理世界与算法构建的虚拟社区混合同步运动的液态社会。这样，基于“固态社会”而形成的生产关系、社会结构、政府治理体系以及法治化规范等，必将面临数字时代“液态”发展逻辑的问题与挑战。社会的欲求最初也许是新技术、新业态、新模式在“破窗”过程中与制度碰撞而生发的，但随后便会向思想观念、商业环境、社会治理和生活方式等领域不断扩散传播，进而影响国家和社会治理的战略选择。面对中国当前所面临的现代性与超现代性双重面向的社会治理向度现状，应全面夯实制度结构竞争力，共建包容共享型法制范式，提升中国在网新时代的关键竞争力。

一、从物理隔离的层级治理转向无边界的智慧治理

新中国成立后，建立了由中央政府统一领导、地方政府分级管理的主导体制，形成了“金字塔式”管理的层级结构和层级“势能”。虽然期间经历过多次党政管理体制改革，但这种主导体制和基本面并没有太多变化。传统制度结构主要以物理时空要素特别是地域管理为基础，毋庸置疑，这种治理模式曾发挥了高效、良好的治理作用。但网信的发展带来了基于物理时空和工商业生活的现代性构造，进而涌现出了颠覆性虚实同构与数字生活的制度重构，以往层级结构和层级势能所依靠的物理时空基础和载体逐渐被网信时代的扁平化、破碎化以及流动化的社会关系和社会结构所消解。诸如虚拟社区、数据鸿沟、算法歧视等很多新问题、新矛盾都将远远超出旧制度结构所涵摄的范围和能力。与此同时，日益崛起的网络化、数字化和智能化平台却在不断地加速万物联

通、业务覆盖和智能升级，使得人力、物力和财力能够突破以往的物理时空界限进行全景融合、高量赋能，并且能够获得指数级放大的成效。这种社会发展趋势深度地改变了社会治理体系和社会制度结构，孕育了全新的智慧治理，使得社会逐渐从层级“势能”治理转向数字化“动能”治理。

二、从政府主控转向政府主导共建共治共享的多元治理格局

40 多年的改革开放无疑是一种政府主导型的变革进程。中国在享受信息发展所带来的红利的同时，也面临着数字时代变革所带来的问题与挑战。为此，从 2005 年党的十六届五中全会开始，国家便将社会制度总体布局由“三位一体”升级为“四位一体”，将社会建设纳入了国家治理的总体框架中。制度结构的改变使得社会力量的参与者也由此获得了必要的肯定和保障，特别是近年来信息化、数字化以及智慧化的融合发展使得分享经济逐渐渗透到我们的日常生活中，从共享汽车、共享房屋到共享技能和剩余时间概念的兴起再到创意的共享，智能手机成为时代的入口，而社会成为共享的导流。消费观念从过去既求所有又求所用转变成不求所有但求所用。由此，共享经济和共享治理模式随即在社会制度变革中迅速展开，中国亟须从政府主导走向多元治理。

党的十八届四中全会通过的《中共中央关于全面推进依法治国若干重大问题的决定》提出，“全面依法治国是一个系统工程，是国家治理领域一场广泛而深刻的革命”，将全面依法治国提升到前所未有的高度，以推进多层次、多领域的依法治理。要从以往事后追查式治理变为事前防御式治理，从以往行为控制性治理变成数字生态型治理，打造共建共治共享同步混合的社会治理格局和社会制度结构，为提升中国网信时代关键竞争力提供制度性基础。

三、正确理解智慧治理核心要义，夯实网信时代的关键竞争力

智慧治理（SMART Governance）是指利用现代信息与通信技术为公民和政府提供一个协作、透明、参与、基于通信和可持续的环境的进

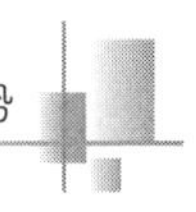

程。其核心要义主要体现在：

简化的（S－Simple）：通过使用信息和通信技术简化政府的规则、规章和程序，从而建立一个方便用户的政府；

伦理的（M－Moral）：在政治和行政机构中出现了一种全新的伦理价值体系，技术干预提高了反腐败机构、警察、司法机关的效率；

可靠的（A－Accountable）：促进设计、开发和实施有效的管理信息系统和业绩衡量机制，从而确保公共服务的问责制的稳健运行；

响应的（R－Responsive）：简化流程，以加快服务交付并使系统更具响应性；

透明的（T－Transparency）：提高政府透明度，将政府文件中的信息限制在公共领域，使程序和职能透明化，这反过来又会给行政机构带来公平和法治。

在国际前沿的智慧治理体系中，基础设施和技术是两大核心要素。政府需要建立适当的物质、社会和经济基础设施，以促进智慧治理的顺利运作；同时，智慧治理可以将物联网、人工智能和区块链等现代技术应用到众多场景中，从而构建中国新时代智慧城市和智慧中国的蓝图。

（一）匹配的基础设施是智慧治理的基石

政府应建立适当的基础设施，以促进智慧治理的顺利运作。开发机构基础设施可以使用电子治理应用程序。电子治理使公民和组织能够使用互联网与政府沟通，并交换重要信息。此外，政府可以通过无纸化媒体保存公民的个人信息记录。但是，数据存储是电子治理的一个主要问题。硬件存储有内存限制，而存储在云上的数据可能会被黑客攻击。因此，基于区块链的去中心化云可以有效克服存储限制并避免数据泄露。

在建设实体基础设施方面，应采取诸如智能能源管理、智能水管理、智能出行等举措。为了实现智能能源管理，必须要找到可再生能源、使用先进的电表、利用现代技术来实现自动化并监控电力分配。智能能源管理旨在降低能源价格并减少全球变暖的影响。智能水管理将解决水资源短缺和水净化的问题。利用创新技术改进水的管理有助于为容易缺水的地区提供清洁水。智能移动旨在创造更快、更环保、更便宜的交通方式。闭路电视摄像头和人工智能有助于实现更好的交通管理。

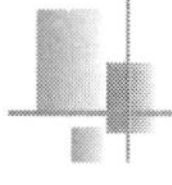

智能教育和智能医疗对发展社会基础设施至关重要。智能教育利用人工智能和物联网等现代技术，能够提供更好的教育设施。人工智能可以实现其中一些任务的自动化，比如给考试评分、开发与数字教科书相关的定制学习界面等。此外，物联网可用于创建交互式学习环境和考勤跟踪。智能医疗领域可以通过收集患者数据，利用先进技术进行远程诊断、远程治疗、在线健康记录和设计患者监控系统。

技能开发中心和商业园区是经济基础设施的重要组成部分。技能发展中心负责培训学生和员工，使他们变得更有能力，足够可靠，并为行业和工作场所的发展做出贡献。

（二）新兴数字技术是智慧治理的利刃

人工智能、物联网以及区块链等新兴数字技术是智慧治理发挥其作用的有效手段。人工智能可以用于智能监控中的面部识别，有关部门可以在人群中识别罪犯和嫌疑人。此外，闭路电视摄像机可以通过协调交通灯和引导车辆在道路上的流动来帮助交通管理。物联网也可以为政府带来好处。物联网传感器可以安装在各种户外物体上，收集重要数据并进行分析。例如，科技巨头英伟达（Nvidia）已经推出了名为 Metropolis 的端到云的智能视频分析平台软件用于公共安全、交通管理和资源优化等场景，利用物联网设备和深度学习进行视频分析。智慧城市中的物联网设备能够通过分析交通模式、分区、地图绘制、人口增长、食物和水消耗等各种因素，帮助城市规划。基于区块链的金融服务可以帮助各种组织转移和接受支付、执行智能合约（在满足预先设定的条件后，支付可以自动执行）。透明、分布式和加密的网络还会降低欺诈的机会。

在了解并理解智慧治理要义的同时，制定合理且完备的智慧治理路线图也是极为重要的。对公民进行智慧治理的教育、对相关部门进行培训、雇用有经验的专业人员、设置可以通过智能治理实现的目标、制定实现目标的策略、引进计划和项目以促进公共和私人合作、更新有助于智慧治理发展的立法和政策等内容都需囊括在中国智慧治理路线图中，具体考虑内容可参照表 3 - 1。

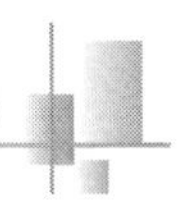

表 3－1　　　　　　　　　智慧治理发展要点

项目	具体内容
行政程序的自动化	最大限度地减少人为干预，减少服务提供的偏见，无既得利益；提高行政管理效率
减少纸张工作量	以电子途径进行信息共享，减少物理移动和消耗，契合我国“双碳”目标
消除等级制度	引入内联网和局域网，减少组织内部分层处理造成的程序延误
行政文化的改变	在行政文化中形成问责、公开、廉政、公平、公正的规范和价值观，摆脱“政府病态”
透明度	促进政府信息和数据的开放，激励公众积极行使监督责任
战略信息系统	通过智慧治理使管理层及时获取信息，有效做出日常和战略决策

网信技术变革造就的智慧治理时代为政府和公民之间的交互创造了一个媒介，加强了国家与民众间的沟通交流。智慧治理将促进一种有意识决策的文化。在现代技术的帮助下获得的分析将有助于制定更好的政策，以保护资源和环境，促进社区发展、公民安全、教育和就业以及公共福利。要理解智慧治理的核心要义，全方位夯实我国在网信新时代的关键竞争力，从而推动中国科技、经济社会实现跨越式发展。

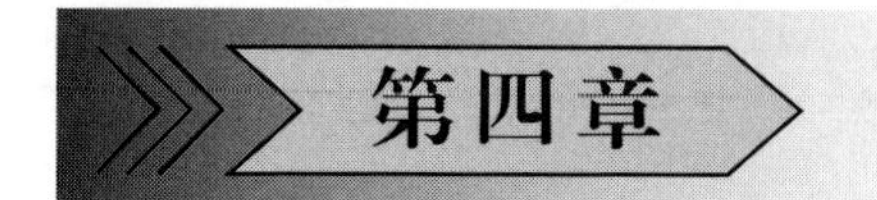

建构网信安全性基础设施，保障新型国家安全

信息技术日新月异，网络发展空前加速，在数联网时代，万物互联，网信技术通过自身优势对传统行业进行优化升级，推动经济形态不断演变，提升了供应链和产业链的现代化水平，促进了价值链的重塑和传统行业的智能化、高端化发展，创造了许多新的发展生态，从而赋予了社会上很多经济实体蓬勃的生命力。云物大智等的发展更是给行业注入活力，拉近了我们与世界的距离，改变了我们的生产生活方式，但是随之而来的数据资产管理、信息安全、网络安全等问题也成为我们需要面对的重大挑战。如何建构网信安全性基础设施、保障国家安全成为我们当前面临的重要课题。

第一节　数字时代下网信发展面临新的挑战

人类从互联网走向物联网、万联网，到现在迈入数联网时代，信息技术的日新月异和区块链的深入渗透，增强了人类的脑力，使得我们的生产生活方式进一步改变，大数据、云计算的广泛应用，赋予了时代新的内涵。当今时代，全球都面临着复杂的网络安全形势和严重的网络威胁，许多网络攻击都瞄准了关键性网络基础设施——这个数字产业发展

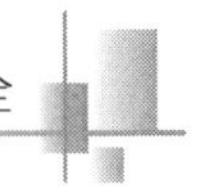

的支撑和基础，由于其递延性质极强，一旦被破坏，可谓是牵一发而动全身，会造成不可想象的灾难性后果。因此，我国网络信息技术的发展面临以下几大安全挑战。

一、关键信息基础设施保护的安全挑战

网络和信息技术给我们的生产生活带来了无限便利。这一切都与关键性信息基础设施分不开，它是网络发展的支撑和基础，与经济运行、社会稳定和国家安全也有较大关系。一方面，“互通互联”是网络信息系统的基本特征，其发展不断突破业务、部门、阶层、系统和地区界限，使传统的安全理念和安全对策受到了挑战，仅仅靠边界保护和统一安全战略无法满足现有的安全需求。另一方面，关键信息基础设施系统的结构由于技术、业务和数据的全面融合而变得异常复杂，很多公共机关的数据和业务集中整合的过程容易受到不法机构的觊觎和非法分子的攻击。根据国家互联网应急中心发布的《2019 年我国互联网网络安全态势综述》可知，中国信息系统频繁受到分布式拒绝服务攻击（DDoS），这对重点业务的连续性和数据保护提出了更高的要求，我们必须进一步加强数据加密、细粒度审计、访问控制等。

二、工业互联网快速推进的安全挑战

随着智能制造和新基建的大量推广，工业物联网的基础作用不断凸显，机器、产品和数据互联互通的同时，设备的运行、车间的配送、企业的生产和产业链上下游的对接也实现了实时交互。物联网不仅提高了生产效率，还保证了产品质量。在此过程中，信息和数据起到十分关键的作用，信息可靠、数据真实、设备可认证才能更好地实现智能制造。

当前，工业发展与国家发展密切相关，许多工业系统涉及国家战略资源、生产安全等国计民生和国家安全的重要领域。此外，由于工业领域在业务连续性方面有独特要求，必须加强工业互联网领域内的风险评估和安全防护，否则将会造成巨大的经济损失，面临严峻的安全问题。

三、5G 新技术新应用的安全挑战

5G 是新一代宽带移动通信技术，速率高、延时低、容量大这些优点使其具有较为广泛的应用场景，尤其是其能够与工业各个环节很好地融合，从而能够促进生产线柔性化、生产智能化的实现和工业转型升级，所以 5G 技术是实现人机物互联的网络基础设施。

虽然 5G 技术优势明显、应用甚广，但是人与人、人与设备、设备与设备之间的联通、认证和数据传输，也对安全策略提出了更为复杂的要求，尤其是像车联网、智慧医疗、智慧水务等这类对可靠性要求高、时间敏感性强的应用场景，需要更强的身份认证和端到端的加密，同时还需要有效的隐私保护策略和数据完整性保护措施。

四、数据深度应用的安全挑战

随着人工智能的发展、可穿戴设备的流行及车联网和物联网的兴起，数据应用的深度和广度不断扩大且融合度加深，数据集聚呈现规模化，数据采集推行标准化，这意味着个人信息保护方面的潜在危险越来越大。一方面，数据开放的有限性制约了数据的创新应用；另一方面，数据就是“新石油”逐渐成为业界共识。很多不法机构都想从中获利，数据滥用、非法数据交易等违法行为开始扰乱数据治理秩序。因此，健全法律法规对于打击数据的非法滥用和规范数据要素市场具有非常重要的意义。

五、关键核心技术博弈的安全挑战

信息产业的蓬勃推动着数字经济的发展，其关键核心技术的提高更是国家发展的利剑。目前，我国信息产业的核心基础能力与西方发达国家相比还有一定的差距，“缺芯少魂”问题制约着我国数字经济的高质量发展，特别是在今后一段时间内，新兴技术和新兴领域的突破是各国竞争的焦点，我们必须在量子计算和半导体等领域不断创新，才能获得

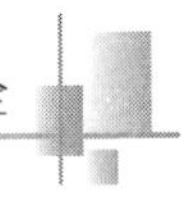

竞争优势并抢占发展机遇。

新基建促进了智慧交通、智慧医疗、智慧能源、智慧水务、智慧城市等的发展，使万物互联，缩短甚至打破了网络空间和物理空间的距离，但与此同时，网络安全也从数字空间延伸到现实世界，并与我们的人身安全、社会安全和国家安全密切相关。例如，网络上的病毒和漏洞、智慧城市的设备安全、智慧交通的自动驾驶安全、伦理问题等，都需要我们引起重视，所以网络安全技术理应为新基建的重要技术之一。

第二节　信息技术赋予国家安全新的内涵

数字时代，数字技术作为核心要素，其发展与国家的经济发展和战略安全密不可分。[①] 网络信息技术在向各领域不断渗透、与各行业深度融合、改变和颠覆传统生产生活方式、给予我们无限便利的同时，也带来了一个重要问题，即数据安全问题。网络由最初的“犯罪对象”逐渐成为“犯罪工具”，到现在更多地演化为“犯罪空间”，网络安全的内涵和外延不断丰富，其要义和重点也在发生变化。由于网络社会具有无国界性和无中心性的特点，所以网络主权和数字主权不断被强调，大国网络安全的博弈，不仅仅局限于技术，更涉及安全理念的更新和网络话语权的获取，由此，新型安全观逐渐形成，并在发展中不断完善。[②]

一、网络安全内容不断丰富

移动信息技术的不断发展，尤其是新一代信息基础设施的构建，实现了万物互联。人机交互不再是梦想，天地一体的网络空间逐渐形成，互联网以更加丰富的形式、更为深入的姿态、更加灵活而全面的应用场

① 阎学通.2019 年开启了世界两极格局［J］.现代国际关系，2020（1）：6－8.

② 叶战备.网络安全和信息化工作的引领思想——习近平总书记关于网信事业发展的重要论述及特色［J］.学习论坛，2019（2）：5－12.

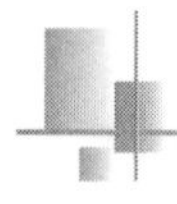

景渗透到全球的发展进程中，不仅关系着经济发展，更涉及政治、外交和安全领域，这使得网络安全成为国家安全的重要组成部分。

（一）网络安全是什么

网络安全的内涵丰富，简单来说就是通过一系列安全指导原则和风险管理办法来保护网络环境和用户的数字资产和物理资产，主要包括信息安全、运营技术安全和信息技术安全等。网络安全的目标主要是预控风险，建立良好的防御机制，根据不同的分类标准，其内容有所区别。按照主体的物理层、逻辑层和内容层，其分别包括设施安全、系统安全和数据安全；按照内容的组成则包括信息的完整、可用和保密性及设施的安全。

网络安全威胁不仅涉及经济领域的商业级威胁，也涉及政治层面的国家级威胁，而许多网络安全事件表明，网络空间安全是新时期国家安全的重要领域，已经成为各个国家战略决策的重点。

（二）信息安全丰富网络安全内容

当互联网信息技术已经成为我们的生产生活方式时，数据被视为与自然资源同样重要的战略资源，被称为“数字石油”。网络信息技术渗透到国家经济、政治等各个方面，互联网信息安全成为新的议题，也是现代网络安全的重要组成部分。

随着信息技术的发展和普及，国防军事和社会生活发生了巨大变化，信息数据成为国家的重要战略资源，通过数据可以获得国家各个领域的情报，从而实现对其军事力量、经济发展和科技研发等方面的综合评价，这给国家带来了全方位的安全风险和威胁。近年来，世界网络安全形势日益严峻，各国均加强了信息安全防御，网络格局发生重大变革。信息系统在数据收集、传输、存储、应用以及基础环境等各环节多次面临非法访问、网络攻击、数据窃取等威胁，特别是央企和军工行业所受影响更大，所以网络信息安全对于国家安全十分重要。①

---

① 翟蒙．浅析信息安全深度防御发展趋势［J］．航空动力，2020（5）：73－75.

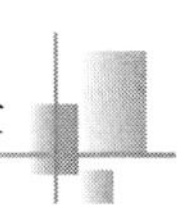

（三）数字时代，恐怖主义转向网络空间

根据《2019年世界恐怖主义指数报告》可知，我国受恐怖袭击的威胁排第42位，虽然排名相对靠后，但是仍处于恐怖主义威胁热点地区的“震荡带”。伴随着日益激烈的国际竞争，全球范围的民粹主义回溯和反精英思潮兴起，“黑天鹅”“灰犀牛”事件增多，狭隘的民族主义扩大，宗教极端思想泛滥和渗透加剧了世界军备竞赛，使得重大武装冲突频繁发生，非安全移民、人口走私和难民等各种不安定因素增加，恐怖活动成为全人类共同的敌人。

数字技术的不断发展将恐怖主义从现实空间转向网络空间，网络恐怖主义是网络空间恐怖行为的集中表现，是恐怖主义在网络空间不断进化、融合、交织、渗透的产物。人类经济社会发展的网络依赖程度日益增大，这为网络恐怖活动的生存空间提供了可能。国际社会对恐怖分子物理生存空间的挤压，使恐怖主义向网络空间的扩展更加激进，打击网络恐怖是保障新型国家安全的重要部分。

现在的网络恐怖分子突破了“工具型”模式，向“网络型”和“混合型”模式过渡，形成了虚拟和现实相互作用的不对称时空模式。恐怖分子利用虚拟网络、人际网、地缘网向国家输入极端激进的思想，实现了资源的全世界调动和动员，威胁国家安全。

目前，网络恐怖活动主要有三种形式：第一种是“单一网络型”，恐怖组织对互联网节点上关键信息的基础设施、网络系统终端及本体等进行攻击，对网络空间和运营商造成物理损伤，威胁网络安全；第二种则为“单一工具型”，恐怖组织不是破坏网络主体的构成，而是以网络为工具，宣传恐怖过激主义思想，煽动恐怖情绪，营造恐怖气氛，招募“战士”和支持者；第三种是“混合型”，恐怖组织在利用因特网作为工具使用的同时，对网络的关键节点进行攻击。因此，网络恐怖活动有以下特征。

（1）隐蔽性好。

传统的恐怖组织无论是在人员招募、成员训练、思想传播还是在实施恐怖袭击的过程中，都面临着被反恐侦查力量发现的风险。但网络的出现使得恐怖组织和恐怖分子可以通过网络技术直接进行恐怖思想传

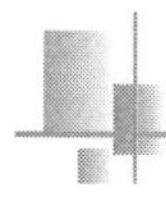

播，营造恐怖氛围，其在招募组织成员及筹措资金等方面获得便利。造成网络恐怖主义隐蔽性好的一个重要原因在于深网（deep web）和暗网（dark web）的存在。不同于使用者日常接触到的表层网络（surface web），深网是一种无法通过搜索引擎访问的网络空间。

暗网属于深网中被限制访问的站点，无法通过公共互联网进行访问，需要专门的访问工具才可形成连接。由于可以对访问的 IP 地址进行屏蔽，暗网具有极强的隐蔽性，是恐怖分子逃避网络监控、组织恐怖活动的绝佳场所。利用暗网，恐怖分子可以更方便地通过比特币筹措资金，在黑市上购买实施犯罪所需要的物资，利用镜像网站在表层网络传播恐怖思想。这一切都可以轻易地绕过执法部门的监管，因而极大地提升了反恐侦查力量的打击难度。

（2）活动成本低。

实施恐怖活动所需的成本主要体现在人员伤亡与资金投入上，传统的恐怖主义如果想引起较大的社会影响，往往需要以成员的生命为代价，同时，恐怖组织招募、训练、策划、实施恐怖活动所需要的花费也是高昂的。但是在网络的帮助下，只需要一台可以接入互联网的电子设备，他们就可以轻而易举地在网络空间完成上述活动。

（3）传播速度快、范围广。

以“伊斯兰国”的崛起为标志，全球恐怖主义向“3.0 时代”转变。从早期的门户网站到网络论坛（BBS）再到如今的社交网络，恐怖组织正愈发积极地借助互联网手段开展恐怖活动。不同于传统的传播媒介，互联网本身的无界性使得信息的传播速度更快、范围更广，这也与恐怖主义渲染恐怖氛围、宣扬目标诉求的需求相契合。因此，越来越多的恐怖组织利用新媒体手段进行思想传播、人员招募、恐怖融资、发表声明等活动。一些人通过网络接触到了恐怖思想，甚至被洗脑为恐怖组织的“独狼”（lone wolf）。

（四）国家安全观的概念与特征

在国际政治学中，“安全研究”把国家作为唯一的主体，现在说到安全观，指的是国家安全观。关于安全观，国际学者一致认为很难有确切定义。例如，美国学者戴维·鲍德温认为国家安全的含义是社会科学

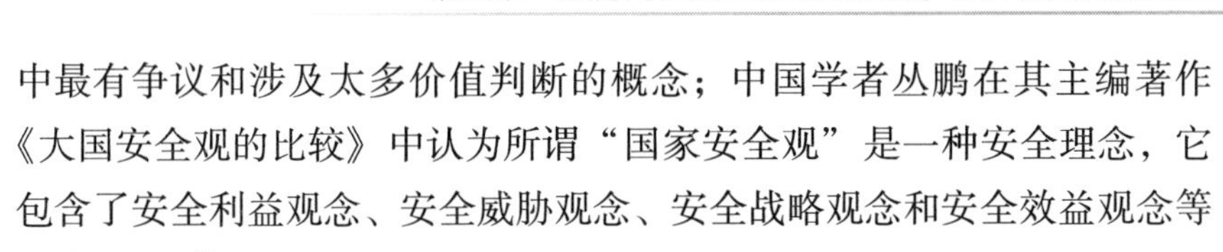

中最有争议和涉及太多价值判断的概念；中国学者丛鹏在其主编著作《大国安全观的比较》中认为所谓“国家安全观”是一种安全理念，它包含了安全利益观念、安全威胁观念、安全战略观念和安全效益观念等基本观念。①

国家安全观具有主观性、目的性、地域性、变化性和文化性等特征。首先，安全观是一个观念，具有主观性，安全观的形成深受本国历史的影响，不同国家的发展过程和独特的历史文化形成不同的安全观。其次，安全观作为国际政治学的一部分，具有非常鲜明的目的，即保护国家安全、维护国家利益。另外，因为所有国家都有地球上独一无二的地理位置，所以对国家安全的需求程度也不同，处于国际政治战略要地的国家容易卷入战争，比起其他国家对安全的关心度更高，所以国家的安全观也有地域性。国家安全在理论上必然会随着实践不断发展和变化，世界各国的安全观随着国际政治形势的变化而不断调整。最后是文化性，每个国家的安全观都受其民族文化的影响，与西方世界相比，中国文化深受儒家思想的影响，讲究“和为贵”，重视与周边国家和谐相处。

（五）数字时代下的新型国家安全观

数字经济时代，网络安全是国家安全的重中之重。进入 21 世纪以来，信息技术和网络技术的快速发展大大改变了我们的生活和生产方式。信息技术和网络技术不仅渗透到了我们的生产生活中，更是与各国政府机关有了密切的关系。可以说，使企业和国家的信息网络设施瘫痪就可以使企业和国家陷入混乱。

信息网络技术已经成为政府机关、企业、国家经济、国家文化、能源、环境等几乎所有传统国家安全观相关领域的一个生产和活动的基础。保护国家信息网络，从而保护国家其他领域的安全成为共识。

随着时代的发展和互联网信息技术的不断革新，我国开始重视国家的安全对策，特别是数字时代的新型国家安全对策。在信息技术日新月

① 李小华．观念与国家安全：中国安全观的变化（1982～2002）［D］．中国社会科学院，2003.

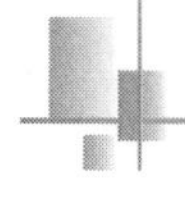

异、互联网环境千变万化的数字时代，习近平总书记提出了整体国家安全观，强调了我国国家安全丰富的内涵和外延以及广阔的时空领域，非传统安全越来越重要，国家安全不再局限于国土安全，更是集科技安全、信息安全、资源安全、核安全等多方面于一体的超大体系。

因此，新型国家安全观是总体的大安全观，它不仅仅是通过军事、政治等传统手段保护国家安全，更重要的是通过非传统的领域，采用互联网、信息的渠道和手段来保护国家安全，是一种适应时代潮流的国家安全观。互联网安全关系着各个领域的安全，其用非传统维度全面认识现代安全问题，是其他领域安全的基础。

二、关键信息基础设施安全成为国家安全的重要内容

随着互联网技术的发展和普遍应用，关键信息基础设施也越来越信息化和网络化，虽然实现了高度智能化和便捷化，但也使其暴露在网络攻击的危险之中。关键信息基础设施关系着国计民生，影响着国家和社会的正常运行，世界各国在制定网络安全战略或进行网络安全立法时，均把关键信息基础设施保护纳入其中，所以关键信息基础设施安全也理应是我国网络安全的重要组成部分。

（一）基础设施的定义及特点

传统意义上所讲的基础设施项目包括道路、运河、铁路、城市电网、水道、污水管道和运输路线等，它们有一个共同的特点，就是对支撑城市生活和社会运行起到了重要作用，如城市电网等就是用来维护和保障电力供应的，铁路等就是为了提供顺畅运输的。

基础设施体现了政治理性，包含特定的功能和约束，在面对不兼容的平台和有瓶颈的资源时能够有效进行编码和标准化的决策，发挥社会的最大效用，以监管的“硬连接”形式进行运作，体现法律措施。没有人真正负责基础设施，但也没有人能够脱离基础设施生活。同时，基础设施本身也充满活力，不断推动着社会平等，使得新形式的城市集体参与成为可能，可以创造需求，重塑公共空间，也能够塑造和支持集体活动，促进社会多样性，从而影响社会生态。

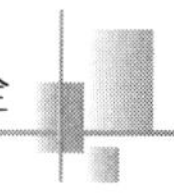

（二）关键信息基础设施的定义及范围

关键信息基础设施（critical information infrastructure，CII）最开始是由我国电信相关部门提出的，是通过通信和信息网络演变而来的。现如今，关键信息基础设施的定义也随着网络环境和技术的发展而变化。关键信息基础设施的定义涵盖了我国重要的行业和领域，如金融、能源、电子政务等，这些领域一旦遭到攻击，就会影响国家安全。关键信息基础设施的范围随着社会的发展不断扩大，将电信、计算机、互联网、卫星、光纤等支撑基础设施运行的部分也纳入其中，具体包括如金融、交通、能源等重点行业的政府机关单位以及各个行业领域的单位。例如，大型装备、化工、国防科工等行业领域的科研及生产单位，广播电台、通讯社等通讯新闻类的单位和电信网、广播电视网等信息网络及服务企业及其他重点单位。①

（三）关键信息基础设施的特点

关键信息基础设施有以下特征。

（1）各关键信息基础设施的种类及形态结构的差异明显。例如，一个政府网站或信息服务平台等信息系统，其属于网络安全等级保护的三级或四级类别；而一个包含通信网、广播电视网等的网络设施，其等级保护主要参照电信网的安全管理要求。另外，一些重要行业的数据资产更注重数据安全，其安全等级要求主要参照电力、能源、化工、交通运输等行业的工业控制系统的安全要求。

（2）关键信息基础设施的保护对象不是多个分散模块，而是整体系统。由于各业务的需求不同，关键基础设施自身的安全水平要求也不相同，每个模块本身的安全性差异也会影响重要任务的整体安全性。

（3）关键信息基础设施不存在绝对安全，其面临的安全威胁主要是复杂的威胁和动态的威胁，所以在安全保护期间要有韧性——由于网络威胁的持续变化，出现新的脆弱性对关键信息基础设施的安全具有较

① 赛迪智库网络安全研究所．我国关键信息基础设施安全保护现状、问题及对策建议［N］．中国计算机报，2021－3－29（8）．

大影响。

（4）关键信息基础设施安全保护等级的要求与业务特征密切相关，业务特征不同，强调安全等级的要点也不同。例如，政府的网站公开了政务网和云计算中存储的内容，即使一时无法注册或无法访问也不会有很大影响，但是，如果其内容遭到恶意篡改或攻击的话，有可能会带来严重的后果。以上情况对机密性的要求不是很高，重点是强调完整性。

（四）网信安全基础设施的定义

基于前文中所提到的基础设施的定义及特点，尤其是基础设施的功能和约束特性，本书将网信安全基础设施定义为：能够确保网络稳定、持续运行，信息安全分级有效保护，同时支撑经济、社会有效运行，保障国家安全的技术、制度等条件，包括关键信息基础设施的安全（设备和技术）、制度基础设施的规范等。

三、信息技术带来新的安全变化

信息技术日新月异，不断推动社会空前发展，其在为人类生产生活提供方便的同时，也给安全带来了一系列新变化。

（一）数字时代，网络成为犯罪空间

自从1994年我国接入互联网以来，信息技术不断发展，互联网市场蓬勃，信息产业兴盛。最开始，商业机构和门户网站是网络中的重要组成部分，一切发展以此为依托，个人以接受网络信息为主要模式参与网络生活，并不主导网络活动，此时，计算机系统是网络利益的主要载体，而网络安全威胁则主要来自对计算机信息系统的攻击，形式上表现为“弱者”（个人）对“强者”（机构）的挑战。

随着网络信息技术的发展和一些新兴技术的出现，互联网于人类来讲，逐渐成为一种生活方式，此时，我们每个人都是网络的参与者，既是信息的生产者，也是信息的消费者，彼此之间不仅有“联系”，更多以“互动”为特点，“互联网”的“互联”二字的含义得以真实体现，“点对点”行为成为网络行为的主流。

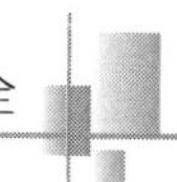

“点”指代的是单个网络参与者，在网络上代表着独立的个人计算机终端。在数字时代，普通公众成为网络违规、违法和犯罪的主要攻击点，个人数据作为重要资产，是网络安全威胁涉及的主要方面，“互动”成为重要特征，网络与信息技术和人类生活息息相关，所有现实中的活动和行为都可以在网络虚拟空间中实现，因此网络使得犯罪空间进一步扩大。此时，网络不再只是犯罪手段，转而变成了犯罪空间，因此网络安全受到极大影响。

（二）大数据发展存在风险

近些年来，大数据和云计算多次被推到风口浪尖，受到企业和政府的高度重视，大数据以其超大容量（volume）、超多种类（variety）、超快速度（velocity）、超高价值（value）和超高质量（veracity）的“5V”特性，在降低成本、提高效率方面展现出了独特的优势，被广泛应用到各行各业。

但是由于我国当前大数据的发展处于初步阶段，在数据从资源到资产的转变过程中，数据权利主体及权力分配上存在诸多争议，现有的法律条文多为宏观层面的阐述，立法尚不完善，很容易被不法分子利用。

同时，我国的数据开放程度有限，行业、部门的数据暂时没有实现全网互通共享，渠道还有待拓展和打开，尤其是跨国数据流通渠道的开发方面，随着信息的开放共享，信息泄露成为较大安全问题。2019 年上半年，全球共发生超过 4000 起数据泄露事件，泄露数据 41 亿余条，如果相关数据被不正当或恶意使用，不仅侵犯个人隐私，也可能危害国家安全。

再加上我国境内数据流动还未建立起统一规范的流程，数据交易过程中难免存在风险，在数据跨境流动方面，更是存在协调不同国家数字贸易规则、清晰化数据所有权、使用权等方面的挑战。大数据也只是以商用为主，国防等方面的部署相对较不成熟，与美国等发达国家相比发展较慢，风险预警能力较低，所以大数据发展方面面临较大安全风险。

（三）设备安全问题和多元主体使得网络威胁频现

计算机、智能手机等硬件是构成互联网的重要组成部分，作为全球

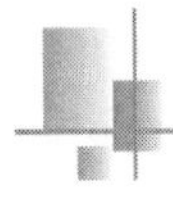

信息基础设施网络的核心环节，网络的技术环境并不安全，因此理论上进入网络的所有设备都有可能受到攻击和入侵。

同时，计算机技术与电信技术的结合，大数据、云计算、人工智能等广泛应用，在方便人们生产生活的同时，使电子信息随处可见、触手可及，信息革命的规模进一步扩大。人们的日常生活和工作、经济发展、政府运行越来越依赖这些技术，使网络威胁的影响范围进一步扩大。

网络参与主体的多元复杂性和网络信息的真伪辨别难度较大，进一步降低了网络危险分子破坏网络安全的成本和难度。简单的工具和黑客的网络技术可以给国家安全带来很大的威胁，这也体现了现代社会的复杂性和多变性，信息时代的网络安全隐患比其他任何时候都多且大，只要我们认为安全威胁存在，那么其就一定存在。

网络安全不仅涉及信息战争、网络犯罪、网络恐怖活动等攻击活动，还涉及信息保障和关键网络信息基础设施的保护等，是“矛”和“盾”的统一。这些都与信息基础设施相关联，不仅包括宽带网络、计算机、5G 基站等物理设施，还包括无形的、流动的信息和内容，以及由此产生的知识和服务。因此，信息时代的网络安全不仅可以进行虚拟攻击，还可以进行物理侵犯。

四、网信安全成为国家安全的底盘

网络安全与信息化与国家安全、经济发展和国防建设息息相关，关乎每个国民的切身利益，没有网络安全就没有国家安全。[①]

（一）技术发展提升军事能力，重构世界和平

网络信息技术的日新月异和层出不穷，新兴技术的不断突破和持续发展，使得预见敌方行动和意图变成可能，改变了传统的战略态势感知系统，将其应用到军事方面，更是能够大幅提升国家军防能力。

---

① 叶战备．网络安全和信息化工作的引领思想——习近平总书记关于网信事业发展的重要论述及特色［J］．学习论坛，2019（2）：5－12.

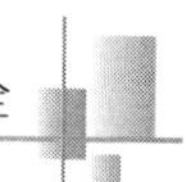

新型传感器技术、部署平台、高带宽网络和人工智能等的结合正在改变传统冲突和战略冲突的潜在视角，这使得风险升级，同时加大了破坏战略稳定的可能性。

新兴技术带来的新兴战略态势感知格局的转型表明，重新审视这些新兴技术的风险和挑战是十分必要的，这对处于危机或冲突中的国家来讲十分重要。为了有效地避免危机升级，决策者必须理解机械改进战略态势感知和危机稳定之间的变化关系。

由于网络信息技术的渗透和应用，新兴的战略态势感知环境呈现网络化、两用性和相互依赖的特点。常规态势感知和战略态势感知之间的区别或界限几乎消失，在常规或亚常规的冲突中，创建一个高度网络化、实时、两用的场景变得更加复杂。

随着新兴态势感知系统的上线，传统领域和战略领域之间的界限只会越来越模糊。在新兴的态势感知环境下，常规武器能依赖态势感知获取战略资产目标数据，各国还将依赖传统常规系统进行战略预警。例如，高超声速系统、助推—滑翔系统、远程巡航导弹和其他能力的设计是为了躲避传统的预警系统（雷达和卫星），从而击败其他国家的导弹防御。

总体来看，常规系统的高度联网以及其中许多具有双重能力的特点，会增加从常规系统向核领域扩散冲突的可能性。在新兴的战略态势感知生态系统中，误算很可能导致不可挽回的后果。通过利用入侵能力来收集对手系统、行动或意图上的信息，可能会导致期望之外的后果，带来冲突升级。例如，在一个已知的港口部署无人水下航行器以判断敌方是否正在摧毁其核潜艇，可能会使对方怀疑其有意瞄准海基威慑力量，从而导致冲突升级。

技术进步正在改变战略态势感知，不仅可以更快、更可靠地提供更高质量的信息，而且具有更好的战略效果。新的战略态势感知生态系统也可以帮助决策者检测和应对战略进攻，甚至可以预测和防止另外一种应用范围更大的新兴技术。未来的战略态势感知架构能够通过先进的数据管理实现通信和自动化，对对手的能力、行动和意图进行洞察，这样决策者不仅可以对危机做出反应，而且可以预测其意图及战略走向。

所以，网络信息技术使得国防军事能力开始具备如下特性：更合适

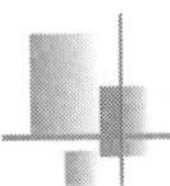

视距、更快速度、可探测性弱、更高精度、持久性、弹性和可靠性，这使得各个国家能够更好地描述战略操作环境。

（1）与信息收集目标的距离关系到态势感知的结果，有利位置表示一个可以收集信息的新位置，而距离则表示从目标处收集信息的能力（包括远距离目标和近距离目标）。例如，超高空无人机和伪卫星提供了一个介于传统无人机和卫星之间的独特的视距，可以利用它来观察作战空间；同样，水下无人潜航器提供了一个新的视距来探测潜艇。

（2）更快速度是指从对手采取行动或决定采取行动、发现该行动到将信息传递给决策者的时间缩短。更快速度的重点在于最大限度地缩短观察、定向、决定和行动循环。一些侧重于迅速获取和分析信息流的技术旨在提高这一行动速度。例如，人工智能能够以比其他方式更快的速度处理大量信息。

（3）可探测性指的是对手是否能够确定信息被收集。例如，下一代隐形能力可以让无人机或有人驾驶飞机飞越另一个国家而不被发现；类似地，一些网络能力可以收集信息，但实际上却无法被察觉。

（4）精确度是指所收集信息的细节和质量的水平，或者是对所收集信息的高度自信。传感器技术的许多进步有助于提高精确度。例如，高光谱成像技术可用于进行变化检测和运动分析；红外线或多光谱传感器可以指示感兴趣的物体；而高光谱成像则能够提供从前无法达到的细节水平，包括物体的材料、颜色甚至湿度水平等。

（5）持久性与持续收集数据的功能有关。例如，一颗伪卫星可以部署三周以上，并在很长一段时间内向操作人员传输数据；水下无人驾驶船舰可以在敌方潜艇巡逻路线附近徘徊很长一段时间，以收集敌方行为模式的数据。

（6）弹性和可靠性指的是在竞争环境中采用冗余和鲁棒系统进行态势感知的技术能力。例如，微型卫星可以以数十个甚至数百个星座的形式发射，从而完成以前由一个精密系统完成的任务。

虽然军事能力提升了，但是有些特性或属性可能会破坏战略稳定性，并发展成为风险。这些因素包括：侵入性、破坏性、预见性、先发制人性等。

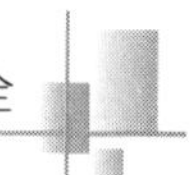

（1）侵入性描述的是一种为获取信息必须进入敌方领土、领空或网络的能力。如无人机有可能更具侵入性，因为信息收集可能需要侵犯敌方的领空；类似地，网络技术通常具有令人难以置信的侵入性，即使它们并不涉及进入敌人的领土。

（2）破坏性指的是在达到己方目标时，暂时或永久地摧毁/破坏敌人系统的程度。例如，动态反卫星武器具有很高的破坏性，而激光炫目（一种暂时“使卫星致盲”的技术）仅具有一定的破坏性。

（3）预见性是指对对手的行动做出预测，而不仅仅是对其做出反应。例如，使用预测分析的人工智能应用程序有潜力对对手意图进行分析，并增强战略感知系统。尽管预测能力具有潜在的价值，但它会给稳定带来风险，因为它可能会促使一个国家为防止出现不可控后果而采取行动。同时，预测结果可能并不总是正确的：启用人工智能的系统可能会曲解信号，并容易受到“中毒”数据的影响，这些数据可能提供虚假信息，并影响系统输出的准确性。因此，对预测能力的依赖可能导致各国不必要地采取升级行动。

（4）先发制人性描述的是对敌方行动意图做出反应的能力，上述人工智能预测系统也可以算作有先发制人的能力。

专栏4－1　“三无战争”成为战争新形态

数字时代，网络信息技术的发展深深改变了传统的战争形态，一系列智能技术衍生了许多能通过物理能量独立发挥较大杀伤力、破坏力的武器，无人机的广泛使用实现了战争的“无人”新形态，物理能量和生物能量的武器使得战争“无声”，许多隐形材料和技术的应用让战争变得“无形”，军事行动变得悄无声息。

同时，精确制导武器的出现，大大提高了作战效率，增加了战况的可预期性，对于作战双方来讲战争变得更加灵活可控。

信息技术广泛应用于武器装备，主要解决了三个问题——“精确”、“聚能”和“自主”：精确具体来讲就是追得紧、打得准；聚能就是武器系统通过信息交换，完成联合侦查、定位等；自主则是通过学习以后可以进行自动决策判断，根据实时数据做出选择。

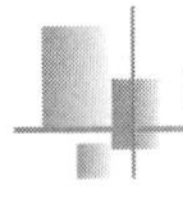

在网络信息技术的推动下，未来战争的力量主体将会是大量的智能机器，人类将从工具层面完全解放，“电子博弈”和“生化危机”将成为新型战争形式，战场突破了海陆地理空间界限，无限延伸到了浩瀚的宇宙和个体中去，战争将会被彻底改变。

资料来源：鲍斌，张世平.『三无战争』向我们走来——对未来三十年战争形态发展的一种分析［J］. 中国军事科学，2010（2）：151－156.

（二）新兴军事技术带来安全挑战

近些年来，网络通信技术的发展使得战争方式、性质和国防布局也开始发生变化，各国对新兴军事技术的研究投入不断增多，但是这些新兴军事技术也带来了许多安全挑战。

1. 人工智能（AI）

人工智能的应用虽然能够使系统执行更为复杂的任务，但也可能带来许多挑战。例如人工智能实现决策必须依靠其受训练的数据，但是如果这些数据有问题，则会导致算法偏差；同时算法并不是完全无误的，有些算法可能会产生一些非常规的结果，这会造成不可想象的后果，尤其是在军事中，将会导致意外事件的出现；再者，人工智能也使信息战的手段更加丰富，照片、音频等的“深度伪造”更加容易，这对国家安全来讲是非常大的威胁。

2. 致命性自主武器系统（lethal autonomous weapon systems, LAWS）

致命性自主武器系统虽然功能强大，能够实现目标识别并自主决策，但是一旦被黑客攻击或者出现别的问题，就会造成许多不可控的严重后果，比如军队自相残杀、平民意外伤亡等。

3. 超高音速武器（hypersonic weapons）

超高音速武器的飞行速度极快，这也就意味着响应时间缩短，但是飞行路径的不确定性也导致了预定目标的不可预测，这会影响军事判断，还可能造成冲突升级。

4. 定向能武器（directed-energy weapons）

定向武器使用的是电磁能，弹匣接近无限，飞行速度极快，射击

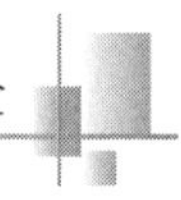

成本也很低，与传统的系统相比具有很多优点，但是该技术的可行性和实用性还存在争议，可负担性的不确定也导致其存在着较大的安全威胁。

5. 生物技术（biotechnology）

生物技术是指利用生命科学进行技术应用，该技术在战争领域的应用将会彻底颠覆传统的作战形式。生物技术不仅可以通过基因编辑提高作战人员的作战能力，还可以制造生化武器，也能够实现装置隐形、自我修复。但是目前生物技术方面最大的挑战就是存在许多伦理问题，这些伦理问题对于世界和平具有较大影响。

6. 量子技术（quantum technology）

量子技术可以应用于军事通信和加密，开发出敌方难以拦截和解密的安全通道，尤其是量子雷达系统还可以更准确地识别目标的性能特征，但是其受量子态的限制，很容易受到温度和其他环境的影响，所以其应用还需要依靠其他技术的完备和进步。

虽然各个国家的政治环境、军事水平和技术发展不尽相同，新兴技术对战争和战略稳定的影响也较难预测，但可以肯定的是，新兴技术将会影响未来战争性质。

（1）人工智能、大数据分析和致命性自主武器等技术的发展，使得人类操作员不再重要，甚至可以完全消除人类控制，战争效率和速度得以提高。

（2）低成本无人机、定向能武器等新兴技术可能在未来数十年间数次改变质与量、攻与防之间的平衡，相互压制。

（3）新兴技术之间的相互作用可以增强现有军事能力，也能够创造性地催生许多新的能力。例如 AI 技术和量子计算催生的机器学习，可能改变图像和目标识别技术，衍生出更强大、复杂的自主武器；AI 技术和 5G 技术结合可以实现虚拟训练环境等。

（4）致命性自主武器系统如果出现故障或漏洞，没有按期按规定执行指令，将会对战争造成不可估量的影响。

（三）网络安全高维竞争

传统的网络安全做法是安装防火墙和杀毒软件，后来，随着技术的

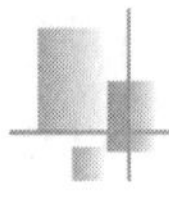

不断突破和物联网等新兴技术的出现，给每台计算机装软件这种方法存在问题和局限，于是开始强调云端安全。但是云端安全无法解决数据交互问题，人们又提出了沙箱思路，之后又提出了安全屋，而现在又有了多方计算，与之前相比是相当大的跨越，采用多方计算的安全系统和安全屋、沙箱的方法进行竞争，就是高维竞争。①

五、国家网络空间主权是国家主权的新拓展

互联网时代的国家安全具有全新的特征——维护国家的网络主权。国家必须高度重视政治安全、经济安全和信息设施的安全，把国家安全的视野从单纯的物理疆域扩充至数字化空间，把对国家安全的防卫重点从处理危机扩充至全面防范。网络主权是指国家主权在信息网络空间的自然延伸，主要包括网络空间独立权、网络空间平等权、网络空间管辖权和网络空间自卫权。

（一）网络空间独立权

一国对于其境内的网络具有的独立自主地进行管理、控制而不受外界因素干扰的权利。独立权是指国家在国际关系上是自主和平等的。国家具有主权代表国家是独立的，这一点对处于一国领土之上的信息技术通信系统来说是毋庸置疑的，但对于其承载的网络数据资源来说，由于历史原因，互联网域名及其解析系统的控制权并未掌握在主权国家手中。

（二）网络空间平等权

国家在网络空间中的地位不应有所区别，应当平等地参与国际网络空间治理，平等地使用互联网资源，在技术标准制定、公共政策拟定等领域具有同等的决策权与话语权，不因国家间网络技术的强弱而产生差异。

---

① 山栋明．关于数字化转型赋能高质量发展的几点思考——解读《推动工业互联网创新升级实施“工赋上海”三年行动计划》[J]．上海质量，2020（9）：20－23.

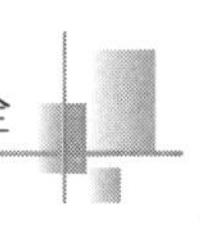

（三）网络空间管辖权

网络空间管辖权是指国家对本国领域内的网络空间进行司法管辖的权利，包括对网络使用者及其行为的管辖权。传统的管辖权原则包括属地原则、属人原则、保护原则及普遍管辖原则，是主权作为国家对内最高权力的重要体现。网络空间管辖权对于承载网络空间的物理设施以及网络使用者来说都相对容易确定，但网络空间中的电子数据资源的归属却难以界定，电子数据的自由流动决定了属地原则的适用存在困难。因此，国家可以将属人管辖、保护管辖、普遍管辖作为处理网络空间管辖冲突的基本原则，以属地原则作为补充。

（四）网络空间自卫权

网络空间自卫权是指一国面对跨国网络攻击时具有的权利，它是国家将网络空间视作专门的保护区域的表现，是国家发展网络国防力量的法理基础，也是一国军事自卫权在网络空间的合理延伸。

六、现代安全治理新思维从物理隔离跃迁为算法隔离

过去的安全是应对性、管控性的，而现在的安全是预测性的，物理隔离已不再可能，转而代之的是开放的算法隔离。

（一）过去是应对性的，现在是预测性的

大数据带来了数据与信息处理方式的根本性变革，使得安全治理思维发生改变，有利于安全治理能力的提升，从而逐步走向“智慧治理”模式。

在工业革命时期，或者说是信息时代以前，人类对于信息的掌握有限，且管理滞后，往往是在出现安全问题后进行处理和补救，对于安全治理属于被动应对。但是在大数据时代，以大数据为代表的知识与技术的广泛性应用，数据获取和处理能力的提升，使得网络安全中的“不确定性”和“不可计算性”降低，安全问题的出现成为可预测的。网络信息技术不仅提升了我们迅速、灵活、正确地理解和处理安全问题的能

力，更能够对网络安全关键节点进行提前控制，做好事先预防，提高治理效率。

（二）过去是对接式的，现在是兼容式的

过去的国家安全问题出现的形式单一，由专门部门负责专门类型，安全治理呈现对接式特点，多以问题解决和事后控制为主要形式。而在网信发展和技术飞跃的条件下，互联网犯罪和国家安全威胁呈现宽领域、多元化、不确定性等特点，因而传统的对接式已经无法满足现有安全保障需要。我们需要的是一个系统性安全防控体系，可以在短时间内实现信息共享、资源调动和多方配合，从而对安全问题做出及时、切实响应，这也就是我们所说的兼容性，也就是说我们不能拿传统、僵化的安全思维应对当今社会的安全问题。

我们需要通过快速适应现代无边界网络安全的挑战来保障网信安全，进而支撑国家安全。拿企业来讲，企业每天都要面对无数针对其所有资产的网络攻击，包括需要保护的各种类型的信息，以 24 ×7 模式来进行应对和防护。在这种情况下，缺乏先进的威胁检测和响应能力，缺乏深入的安全专业知识，以及信息技术（IT）和信息安全（IS）团队忙碌将会加剧此类情况的发生，因此需要突破传统的安全思维，将适应、预测纳入网信安全保障中。

（三）过去是有限的物理格局，现在是开放的算法格局

传统的国家安全措施以物理隔离为主，以捍卫地域主权为重点，安全治理范围有限，响应时间较长，跨区域治理相对困难。互联网通信技术缩短了世界距离，其广域传播和多节点特性使得国家安全事件发生的界限突破了现实疆域，主权被赋予了突破疆土的信息疆域内涵。这使得全世界变成了地球村，人与人之间不再有距离，沟通快速高效，安全治理响应及时，范围无限扩大，加上海量可用数据的产生和算法的不断优化，安全治理能力走上新的台阶，同时治理方式发生质的变化。但是网络空间的距离首先要保证使用，其次再保证安全。

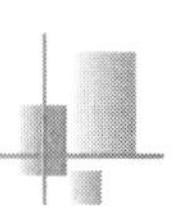

第三节　网信安全与经济运行紧密相连

以大数据、云计算、物联网等为代表的数字技术带来了世界性的科学技术革命和产业变革，以“数字新基建、数据新要素、在线新经济”为中心的新一轮数字经济发展到来，数字产业化和产业数字化相融合，数字经济迅速发展，成为驱动世界经济增长的强大引擎。但是同时，新兴数字技术的普及和数字经济产业的革新发展带来了安全风险和管理问题。以智能设备、算法、应用等为代表的机器网络实体急速增加，数据泄露和滥用问题的高频爆炸日益严重，高能量复杂的网络攻击成为数字空间的常态，网络安全和数据安全上升到国家安全的高度，我们在推动数字经济增长的同时，尤其要重视其所涉及的安全问题。

大数据、云计算、物联网等快速发展，各种数字技术日新月异，人们的生产生活方式正在发生变化，世界科学技术革命和产业变革不断推进，数字产业化和产业数字化相互融合，产生了很多新的经济形态，而设备可靠性问题和算法漏洞也成为威胁数字经济安全的要素。在网络信息技术日益发展的今天，网络安全和数据安全上升到保障国家安全的重要方面。

一、数字经济下企业数字化转型的安全风险

数字经济，顾名思义，网络信息技术必然在经济发展中起着重要作用，不仅仅提高了生产效率，也促进了经济结构的变革。在此过程中，数据是重要的支撑，是数字经济的核心，数据的完整收集、有效开发和科学使用是数字经济发展的关键。

在数字时代，经济安全已不再是传统形式，对于企业来说，靠技术和产品来保障发展和安全已远远不够，企业的数字化转型必须随之推进，但是数字化转型过程中也面临着一系列安全问题和安全挑战。

数字化转型必然需要尽可能多地让企业生产发展实现网络互联、设备和信息共享，数据开始成为核心生产要素，数据安全成为首要的投资

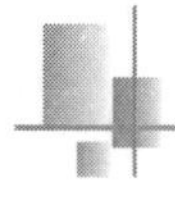

重点。但这也使得不法分子的攻击目标进一步扩大，攻击成本大大降低。数字时代，企业的内外部环境扩大、生产发展呈现系统性，企业的业务与数字化挂钩多，安全环节分散，所以必须建立新的安全认知与框架体系，依赖大数据的驱动识别威胁，利用共享信息及时做出响应，建设可靠性强的信息基础设施，从而提升安全能力，建好安全专家团队，更好地参与安全攻防，积极参与安全标准制定，筑牢经济安全协同联防的保障，改变传统的安全理念，建立好防御机制，如此才能有效保障企业安全。

二、数字经济时代的新型数字信任

数字经济时代，外部环境真真假假，迷离复杂，存在着较大的安全风险，所以各个网络实体都十分谨慎，互相之间信任程度较低，因此影响了可信数字交互。与实体环境相比，数字空间内的约束条件更为特别。

一般情况下，人类网络实体和机器网络实体都一起链接在广泛的数字空间中，采用数字代理的方式发生实时动态的数字交互关系，通过互联网和移动端进行数据阐述和识别，同时政府、企业和各类组织都依托数字代理开展活动，由此产生了数字信任的概念。

（一）数字信任的概念

数字信任就是数字空间内的一种信任关系。在同一个数字空间内的两个网络实体，根据可信的数字身份，对对方的数据活动和网络安全能力有较为稳定的了解，从而持续地进行数字交互，这种关系就是数字信任。

（二）数字信任的核心特征

1. 数字身份是数字信任的核心基石

要想进入数字空间，必须通过数字身份这种代理方式，因为随着移动互联网的飞速发展和各类网络实体的蜂拥出现，智能设备、算法程序等的数量远远大于人类网络实体，而数字身份是唯一可识别和验证的标

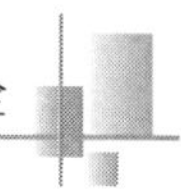

识体系。人们不仅可以通过数字身份确认网络实体的信息，也可以通过数字身份建立良好的数字信任。

2. 网络安全和数据安全是数字信任关注的主要风险

在传统的经济活动中，自然灾害的发生、商业契约的执行、恶意的市场行为、虚假内容的宣传和违法犯罪活动等是社会信任的主要风险，将这些方面控制好、监测好、识别好就能够保障经济安全。但是在数字经济的背景下，网络攻击和网络犯罪层出不穷，数据泄露和数据滥用高频爆发，网络安全和数据安全问题是现代数字社会的重要风险，所以网络实体是否能够及时识别安全风险、有效抵御网络攻击、切实保障用户隐私和数据安全，将成为数字信任考察的主要问题。

3. 数字信任是基于数字技术和应用场景动态变化的

信息技术更新迭代，不断发展，因此数字信任也不可能一成不变，必须保证对新兴数字发展的兼容性和敏捷性。一方面，数字身份、数据安全和网络安全都需要依赖数字技术；另一方面，AI 技术、移动物联网、量子计算和区块链等技术都还存在较大的发展空间，未来将会有更大的突破和更新的变化。所以，数字信任必须随着数字技术和应用场景灵活变化，从而构筑好经济安全防线。

三、区块链的安全风险

在现阶段，技术驱动力从移动网络、大数据、云计算等平台层级转移到区块链这一底层技术层级。区块链是从信息互联网向价值互联网过渡的象征技术，作为新生科学技术，其本质上是互联网与实体相互融合、与万物联合的关键点。

区块链技术可以有效推动产品市场、要素市场、资本市场的直接交互式发展，从而在应用水平上形成“研发—生产—交换—消费”供给侧智能创新，不断产生新的经济增长点。然而，区块链自身的技术及技术外的一些缺陷会使区块链经济的发展受到影响。例如，去中心化匿名技术下的加密货币可能变成黑色交易的支付手段等。

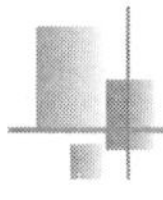

（一）区块链的内部技术风险

在区块链发展中，技术升级和迭代速度较快，但由于技术本身存在缺陷，所以安全风险不可避免。区块链内部技术风险主要包括信息安全风险和技术操作风险。

1. 区块链非对称加密技术可能引发信息安全风险

尽管区块链非对称加密技术可以保证节点参与者的隐私信息，但是对于使用公钥加密的信息接收者来说，区块链技术的推广可能将解密次数和节点交易聚集以形成大数据，导致被“推断”，甚至是被“溯源”。一方面，节点参与者的私钥由个人所有，如果丢失则会失去节点上的资产控制权，即使持有多重签名、多重认证的技术保证，也存在因丢失等行为而产生的信息安全绝对风险；另一方面，节点参加者的账户、身份、消费偏好、数据资产等有可能根据大数据被“推断”，其数字身份有可能被“追溯”，“推断”和“追溯”的权利由谁拥有和如何管理尚不清楚，这进一步导致信息安全的相对风险。

2. 智能合约与共识机制漏洞可能引发技术操作风险

只要智能合约的条件被触发就需要根据合同执行，这可以提高节点之间的可靠性，但是开发者的编程语言不恰当、程序结构不完整等都可能导致“可重入漏洞”，如果存储结构不同，则可能导致合约函数参数错误，这表示智能合约还存在一定的技术疏漏。同时，共识机制可以在短期内实现网络整体的信息一致，避免信息的不对称性，但是算力的竞争会让矿机共同形成矿池，集中度达到50%以上的话，节点信息可能会被篡改。这是对节点参与者利益的威胁，也是对各节点平等中心化机制的破坏。所以共同认识的机制中也有技术上的泄露，而区块链的技术操作风险随之产生。

（二）区块链的外部环境风险

应用区块链的主体、客体和社会环境的不确定性，决定了区块链外部环境风险的存在，并具体表现为法律关系界定难及适用性弱可能引发的法律风险，区块链市场参与者不正当逐利可能引发的市场风险和政府、企业组织适应能力有限可能引发的管理风险。

第四节　构建网络空间安全共同体

新时代下，国家安全突破了有限的物理隔离，呈现出开放的算法格局。中国必须要做好国家安全新谋划，树立正确的网络安全观，积极发展网络安全产业，推进政府、企业、行业协会、第三方机构等相关部门的协作，发挥各自优势形成有效的配合，捍卫网络空间主权，维护国家安全，建立适应数字时代的协同治理模式，同时为破解全球网络空间治理难题贡献中国方案，推动构建网络空间安全共同体。

一、加强关键信息基础设施的感知能力和运行能力

新型基础设施建设的大力推进，使得5G基建、大数据中心和工业互联网的普及度不断扩大，这些国家关键信息基础设施拥有十分强大的功能和广泛的应用范围，推动着数字经济的发展，也对网络安全提出了更高的要求。首先我们必须加强关键信息基础设施的网络安全态势感知，对一些重大风险提前识别，预先实施相应策略，最大限度地降低损失；其次要加强关键信息基础设施的网络安全保障评价，对关键信息基础设施网络安全的建设和运行效果进行追踪和评价，加强部门、行业和区域间的沟通和协作，不断进行动态反馈，促进安全能力保障提升，形成关键信息基础设施的协同防护。

二、网络安全创新体系建设筑宽网络安全防护栏

网络安全是国家安全的重要组成部分，大国间的竞争逐渐开始在网络空间中愈演愈烈，尤其是在新一代信息技术和新兴领域快速发展的背景下，加强网络安全创新体系建设成为保障网络安全的重要内容。

首先，我们必须加强技术研发，攻克“卡脖子”技术，增强5G技术、工业互联、大数据、人工智能等的竞争力，提升我国网络安全的保障能力；其次，要加强网络安全技术的研发和应用，在加密、匿名等方

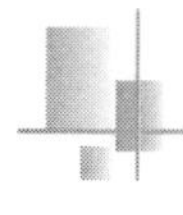

面不断创新，寻求突破，提升安全防护能力；再次，人才是创新的基础，也是发展的重要力量，要重视对网络安全人才队伍的培养和建设，提供国家网络安全人才支持，实现网络安全的可持续发展；最后，全民的网络安全意识也需要提高，国家和政府的积极宣传引导、相关部门的积极普及和推广对于牢筑网络安全防线具有重要意义。

三、数据治理体系保障数据要素的价值发挥

大数据时代，数据成为“新石油”，也变成了重要的生产要素，数据的价值在被人类广泛认知的基础上，也被许多不法分子长期觊觎，其希望从中获利，于是数据滥用、数据丢失等乱象频发，所以需要加强数据治理。

首先要推进数据保护法律的出台，用法律的形式规定每个网络实体和参与者的权利与义务，明确数据使用的规范和形式，根据数据的特点和数据全寿命周期确定个人数据的保护范围、数据收集、使用、处理和销毁等的章程；其次要推进数据治理的统筹规划，将数据资源合理分类，并搭建平台供数据提供方、使用方和监管方有效沟通，推进数据治理系统化和规范化；最后也需要加强数据资产的安全保障，建立健全数据安全使用标准，推动数据资产管理技术的创新突破，减少数据安全风险。

四、持续提升网络安全防护能力响应多变安全态势

网络安全形势变化莫测，尤其是万物互联的时代，网络安全风险无处不在，提升网络安全防护能力势在必行。首先要建立健全网络安全信息共享机制，让政府和各个利益相关方明确自己的权利和义务，加强职责履行，确保风险研判，做好预警工作；其次要构建好网络安全联动防御机制，促进信息共享和系统协同，综合数据进行全面研判和分析，以做好应急准备和及时响应；最后有效的网络安全攻防应急演练对于网络安全防护能力的提升具有重要意义，要通过模拟场景训练我们应对安全风险的反应敏捷性和预案有效性，持续提升防护能力，保证真实应对攻击时的良好状态，保障网络安全。

美国网信战略：
攻防结合确保代际优势

网络空间已成为国家重要的信息基础设施领地，随着物理空间和网络空间的深度融合，网络空间安全上升到国家安全的战略层面。30 年来，从克林顿政府到拜登政府，美国的网络空间战略历经提出、细化、体系化再到国际化的过程，逐步完善与成熟。美国近年来的网信战略不再局限于本国网络空间，而是着眼于国际竞争，抢抓国际标准制定权，发展网络维度战略优势，这展现出美国欲长久维持互联网霸主地位的野心。

第一节　美国网信战略目标

网络信息是社会发展的资产，更是国家重要的战略资源。数字经济时代，世界各国聚焦于网络信息主权的争夺。特朗普上台后，美国相继发布《国家网络战略》《联邦数据战略》等多个网信领域的报告，展现出特朗普政府对网络空间的高度重视。

一、保持美国网信技术代际优势

半个世纪以来，美国引领着全球网信技术的创新和网信产业的发展。通过政府机关、产业联盟、学术界和科研机构的协同创新，美国孵化了一大批包括苹果、微软、谷歌、高通在内的互联网巨头。这些公司通过先进的网信技术占据全球网信产业链的主干，在关键信息领域遥遥领先，具有显著的先发优势。正如美国2018年出台的《国家网络战略》中所阐述的那样，美国决心培育一个安全、繁荣、创新的数字经济体系，以此来维持美国网信技术的绝对领导地位，促进国家综合发展。

（一）培养充满活力与弹性的数字经济市场

《国家网络战略》指出，美国政府将同私营部门和民间机构协同合作，以增加市场弹性，激励网信技术创新发展。联邦政府将增强网络空间透明度，满足市场对产品安全的保障需求。除此之外，政府还表示会继续减少数字贸易壁垒，加速各个国家间信息数据流的交换。该措施可能是针对欧盟颁布的《通用数据保护条例（2018）》制定的，因为该条例对非欧盟企业在数据隐私保护方面做出了严格的规定，这在一定程度上影响了美国企业的未来发展。

（二）制定统一开放的国际网络安全技术标准

面对各种网络安全挑战，美国政府同国际伙伴合作，帮助科研人员减少技术交流阻碍，共同制定开放共享的行业标准。美国政府认为，美方互联网技术专家不断进行产品与服务的创新，增强了全球人民在世界范围内的交互机会和能力，为网信产业发展做出了巨大贡献。未来美国会尝试制定全球标准，进一步扩大全球网络覆盖面。同时美国政府也希望借助成本低、安全性强的新兴技术占领海外市场，确保全球互联网的可操作性、安全性与稳定性。总之，美国同国际伙伴、民间机构、工业联盟、学术界以及技术专家多方合作，力求制定统一的网络安全技术标准，增强人们对网络安全最佳实践的认识度与接纳度。

（三）维持美国网信技术领域的领导地位

美国在网络领域的巨大影响力依赖于其在网信技术上的领先地位，因此美国政府一直致力于保护尖端高新技术，使其免受攻击或偷窃，同时尽量降低新技术进入市场的阻碍，以支持相关技术进一步成熟发展，

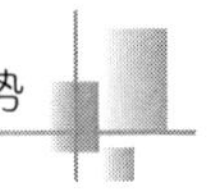

增强对网络安全工具的创新。美国政府2018年发布的新版《国防部网络战略》中指出美国国防部将积极同互联网企业合作，吸纳互联网企业提出的方案，运用企业在商业方面的网络能力，增强国防部的网络安全技术。该项举措属于特朗普担任总统后加强公私合作、推进美国政府技术设施更新的新措施之一。

（四）大力投资下一代网信基础设施

特朗普上台后，美国政府加大对网信基础设施的建设，相继发布《5G快速发展计划》《5G国家战略》《美国量子网络战略愿景》《人工智能与机器学习的应用》等多项报告，为美国网信未来的发展做好长远规划。美国政府尤其重视下一代信息通信基础设施的发展。通过与私营部门携手研究，美国政府将推进频谱和5G安全技术的发展，为网信技术的创新奠定基础。此外，与民间机构和私营部门合作也使得联邦政府更深刻地了解技术的最新发展趋势，以便更好地规避技术使用期间可能出现的风险，助力美国网信技术获得持续性和压倒性的优势。

二、建设全球性知识产权保护体系

强大的知识产权保护能够保证一国经济的稳定增长与持续创新，而美国早已建立起完善的知识产权保护体系。美国的未来发展目标之一便是在维持现有体制基础上创立全球性的知识产权体系。通过对商标、专利、版权等知识产权的保护，该体系能够激励创新、拉动经济。美国政府十分重视对关键新兴技术的保护，以维护本国的研发力量。

（一）完善知识产权保护法律体系

美国的知识产权保护历史悠久，其在法规层面建立了包括《专利法》《商标法》《版权法》《软件专利法》在内的知识产权法律体系，在管理层面则由商务部、著作权机构、专利商标局等部门共同维持美国知识产权管理体系的运转。

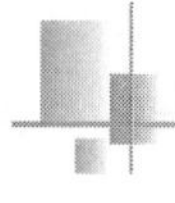

（二）严格审查外资以保护关键技术

针对联邦通信委员会（FCC）提交的电信许可证，美国政府会进行严格审核，尤其会对在美投资的他国企业进行重点核验。在美国政府看来，他国企业往往有窃取美国商业机密、新兴技术和高新知识的嫌疑。美国政府、企业和公民极度依赖网络，因此网络的保密性至关重要，关乎国家安全与经济发展。为了更高效地进行资格审核，美国政府对审查流程进行了规范和简化，在确保对敏感技术和商业机密进行保护的同时增强审核效率。

三、维护美国人民安全与国土安全

美国的关键基础设施、国防安全以及美国民众的日常生活都依赖于安全的计算机系统和互联网技术。网络信息安全是建立网络优势的基础，建立起规范的网络信息安全防范体系框架是各国政府长久追求的目标。《国家网络战略》中指出，美国政府、私企和公众应当相互协调，共同维护网络安全，保护关键基础设施，打击网络犯罪，重点保护政府及个人的通信网络。

（一）保护联邦网络信息安全

美国政府于2018年发布的新版《国家网络战略》提出，要构建全面清晰的问责机制，完善网络安全风险的防范与治理流程。为此，特朗普政府提出了“集中管理”的网络治理新理念，即要深化美国民用网络的集中管理与安全监督。《国家网络战略》发布后，美国国土安全部（DHS）的职权得到增强，其有权访问联邦绝大部分机构的信息系统，以便更迅速、便捷、精确地维护美国网信安全。此外，美国政府将商业策略、共享服务、最优实践相融合，建立起了防御性能强大的联邦网络，以保证其能在任何情况下都能不间断地提供通信服务。

（二）保护关键基础设施安全

同过去的安全战略不同，特朗普政府发布的《国家安全战略》更

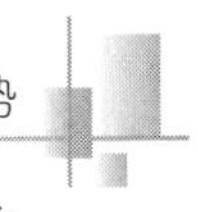

加重视国内网信安全的维护，要求将应对美国境内的网信问题放在首位。为此其还提出了“风险管理”的新概念，强调要对网络安全风险进行管控，这同《加强政府与关键基础设施网络安全法案》（2017年）的主要内容相符。此外，美国国家标准与技术研究院（NIST）制定的《关键基础设施网络安全改进框架（2014）》，阐明了关于网络供应链风险的评价标准以及处理方法，为维护网信关键基础设施安全打牢基础。

（三）主动打击恶意网络犯罪

美国时常遭受恶意网络活动的威胁，这些犯罪行为的主导者既包括国家，也包括非国家的行为者和恐怖分子。2018 年美国国防部发布《国防部网络安全战略》，该战略以 2015 年颁布的《国防部网络战略》为基础，细化了在网络空间运用军事力量维护和平的策略。《国防部网络安全战略》指出，在网络安全与信息化领域，美国存在多个潜在对手，这些对手可能对美国发起恶意网络攻击，这会对美国的个人、商业和非商业利益方以及政府带来严重的经济损失。值得注意的是，近些年美国已从“防御者”转变为“进攻者”，提倡对隐藏网络威胁主动出击，讲究先发制人。为此，美国将进一步建设网络部队，配合海军、空军、陆军以及太空军种进行联合作战。《国家网络战略》中也强硬地表示将严厉打击国外恶意网络犯罪，并透露美国政府将与国会合作，完善电子监视和计算机犯罪的相关法律规定，进一步提升政府的执法能力。

四、增强网络空间军事力量

世界网络安全形势的不断恶化使得网络领域成为各国争相抢占的军事高地，网络战和电子战早已从科幻小说走进现实世界。美国是全球最早将网络用于实战的国家，陆海空三军皆配备网络部队，掌握大量网络攻防技术，其不仅为本国网络提供防护，还会同他国进行赛博战（cyber war）。

（一）快速发展网络领域攻防装备技术

在网络防御技术方面，美国研发出了“网络机动技术”，大大增加了敌方进行恶意网络攻击的成本；针对无人机等装备发展了特定网络安全技术，从而能够增加美国士兵的战场生存能力。在网络攻击技术方面，美国发明了具有高隐蔽性、精确性和持久性等特点的网络病毒，强化了网络监控技术，优化了网络领域作战技术（如网络作战可视化技术）。此外，美国还不断强化网络空间实验测试技术，目前已经形成了企业级、军种级和国家级的测试体系。

（二）增强网络空间作战部队实力

特朗普强调要强化美国网络威慑能力，以应对网络空间的攻击，确保美国在互联网时代的安全。《国家网络战略》中指出，目前攻击者不必跨越物理边境就可以对联邦网络进行恶意攻击，为此美国应当重点发展对网络攻击的溯源能力、遭受打击时的网络防御能力、被破坏后的网络恢复能力以及对网络攻击者的即时报复能力。《国防部网络安全战略》也明确指出，网络将成为一个全新的战争领域，可能带来比传统战争更强的破坏力。因此美国将大力加强网络的防御和抗毁能力，利用集成网络进行全方位的军事打击，攻防相结合地保护国家安全。美国政府2019年发布的《国家军事战略》进一步指明，要成立“联合部队”，对不同领域的部队力量进行统筹整合，保障美国军队在网信领域也具备世界领先的军事实力。

（三）培育优秀的网信储备人才

美国历来十分重视人才培养，在建设军队过程中，人才的选拔与培养占据重要地位。美军已经构建起完善的人才考核体系，以持续为打造专业的网络技术精英部队输送新鲜血液。《国家网络战略》指出，美国政府决定继续运用国家网络安全教育框架（NICE）培养和吸引高质量网络安全领域专家，同时加强美国政府的网络安全相关人员的培训。该培训是基于国土安全部的分布式网络安全解决方案提出的，并且也会给予适当的经济补贴。

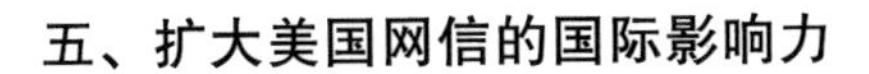

五、扩大美国网信的国际影响力

美国在过去的几十年里一直牢牢掌控网络领域的话语权，借互联网来增强其在国际上的影响力，巩固其超级大国地位。面对各种潜在的威胁，特朗普政府提出要更进一步建设“网络空间同盟”，妄图孤立非同盟国，打击非同盟国的网信发展。

（一）推动建立开放、可靠、安全和互操性强的全球互联网

特朗普政府发言称，美国未来将继续坚定地维护开放、可靠、安全和互操性强的互联网原则。具体措施包括：一是要推动网络自由化发展（美国政府将网络自由化定义为人民在互联网上拥有基本的权利和自由），同时支持别国通过自由网络联盟来共同促进网络自由化发展。二是推进“多利益攸关方模式”。美国认为互联网的治理模式中以政府为中心的模式是最适宜的，因此美国政府积极加入各组织团体，如国际电信联盟等，以此在国际多边论坛上倡导互联网的开放化和自由化。三是要构建可靠的网络基础设施，建立一套基于技术原则的行业标准。四是要保护美国互联网在他国市场的发展。为此美国积极推动海外市场拓展，创新低成本技术，扩大全球网络覆盖率。

（二）建设国际网络空间同盟整合盟友资源

《国防部网络安全战略》中提出，美国将进一步增强同现有网络空间盟友的亲密关系，同时与潜在的伙伴国家构建盟友关系。这与《国家网络战略》展示的规划不谋而合，即美国将支持各国通过建立网络联盟促进互联网自由发展。美国还致力于增强同盟国的网络治理水平，提升友好国家的网络能力建设，以便借助同盟国的资源，与同盟国共同面对网络威胁，大大降低其受损风险。

专栏 5－1　伊朗核设施被炸：网络战的“降维打击”

2021 年 4 月 11 日，伊朗的纳坦兹核电站发生爆炸，新型浓缩铀离

心机遭到蓄意破坏，科研人员出现大量伤亡，伊朗的核计划被迫停滞。伊朗方面未说明谁应对这起“恐怖主义行动”负责，但以色列公共媒体援引情报人士话说，这是以色列军方网络攻击的结果。

纳坦兹核电站距离伊朗首都德黑兰约320千米，主要部分建于地下，是伊朗核计划的核心设施。早在2010年，纳坦兹核电站就曾受到“震网”病毒的攻击，导致1000多台离心机瘫痪。“震网”病毒能利用控制系统默认密码的安全漏洞，读取核电站数据库中的机密信息，并在窃取数据后抹除入侵痕迹，网络管理员很难及时发现数据泄露。针对伊朗的网络攻击涉及核设施、石油化工、互联网通信等众多领域，皆为事关国民经济的关键基础设施，伊朗无疑成为了现代网络战的试验田。①

在过去的很长一段时间里，各国间的军事对抗都向着增加武器破坏力进发，直到原子弹和氢弹研发成功，武器的破坏力再难以大幅增加。网络战的出现创造出全新的战争领域，拥有先进网络军事技术的国家能率先占领网络空间进行“降维打击”，即发动大规模网络攻击，不费一兵一卒地摧毁敌方关键基础设施，形成一种“恃强凌弱”的碾压式打击。网络战凭借着极强的隐蔽性和巨大的杀伤力成为现代战争新的杀手锏，给全世界人民的安全带来更大威胁。

资料来源：作者根据相关新闻报道和资料整理而得。

第二节　美国网信技术基础设施

20世纪60年代以来，美国通过“政产学研”协同创新的方式孵化出了庞大的网信产业，在网信领域占据绝对的垄断地位，而这些网信产业又以信息基础设施为支撑。物联网、大数据、计算机体系、软件技术、网络技术、分布式系统等新兴的技术不断涌现，也对网信基础设施建设提出了更高要求。

---

① 秦安．“震网”升级版袭击伊朗，网络毁瘫离我们有多远［J］．网络空间安全，2018，9（11）：41-43.

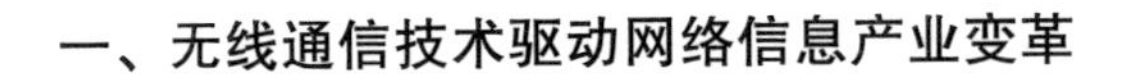

一、无线通信技术驱动网络信息产业变革

历经几十年的探索，全球的无线通信技术完成了从 1G 到 5G 的技术标准变革：20 世纪 80 年代，第一代移动通信技术（1G）在美国诞生，其主要用于提供模拟通信技术，引领语音通信技术的美国企业拥有绝对优势；90 年代初期，进入第二代移动通信时代，这时出现了关于技术的 TDMA（时分多址）和 CDMA（码分多址）之争，由此欧洲的移动通信企业迎头追赶，甚至一度压制美国公司；之后进入 21 世纪，高通公司带头制定了主流的 3G 标准，美国的 3G 智能手机在世界上大放光彩，而高通公司对核心专利的垄断和苹果公司优秀的产品创意助力美国移动通信产业再次登上世界霸主地位；2008 年开启了 4G 时代，美国继续制定国际标准，牢牢掌控无线通信领域的话语权；5G 标准制定之时，特朗普政府发布了多个报告以推进美国 5G 建设，拜登政府也显现出了维持移动通信领导地位的野心。

2018 年 9 月，特朗普政府出台《5G 快速计划》报告，用以促进美国 5G 建设。美国联邦通信委员会（FCC）原主席阿基特・帕伊表示，该计划是一个增强美国在 5G 领域技术优势的整合性战略。美国的 5G 战略包括三大重要内容：一是向市场提供更多的频谱；二是出台新版的基础设施政策；三是修改以前的法规以适应 5G 的发展需要。美国联邦通信委员会与国际合作伙伴密切协调，以促进宽带服务和设施的竞争、创新、协调和投资。美国通过不断发展的通信网络和服务的竞争框架来支持自身经济发展。此外，美国联邦通信委员会及其机构合作伙伴还在网络安全行动方面发挥领导作用，对在美国提供电信服务或寻求授权的外国电信公司进行严格审查。2020 年底，美国联邦通信委员会又与美国国际开发署（USAID）签署了谅解备忘录。根据协议，美国将促进建设开放、互操作强、可靠和安全的互联网与数字基础设施，并与发展中国家网络安全相关机构相互协调，共同推进国际互联网的开放与共享。

与此同时，美国也加大了在 6G 无线通信领域的投资。美国联邦通信委员会已经正式开放 95GHz－3THz 频段，用以助力研发 6G 技术。

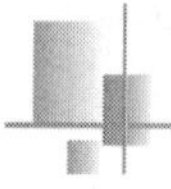

2020 年 9 月，在美国国防部的支持下，多所美国大学携手进行 6G 核心技术——太赫兹的研究。此外，美国政府还新建了美国国际开发金融公司（IDFC），为新一代无线通信技术的研发提供专项资金。这一系列的举措显示出了美国欲实现 6G“弯道超车”与“跨越式发展”的野心。

二、互联网协议（IP 协议）确保互联网技术和服务不断创新

随着互联网产业的不断发展，IPv4 地址资源已难以满足使用需求。IPv6 地址长度是 IPv4 的数倍，其在大幅增加网络地址资源数量的同时，能够减少多设备联网的困难。

美国政府早在 2012 年就发布了《联邦政府 IPv6 应用指导》，全面推动 IPv6 的商用部署。美国联邦原首席信息官苏泽特·肯特认为，全面过渡到 IPv6 是确保互联网技术和服务未来增长和创新的唯一可行选择。联邦政府应在前期努力的基础上，扩大和增强其向 IPv6 过渡的战略承诺。经过近些年的发展，美国的 IPv6 商用部署已经取得了较好的成果，一些大型网站早已支持 IPv6 访问。我们预计美国政府未来会加快推动其市场化进程。

三、量子通信提升网络空间安全技术核心竞争力

量子网络能够利用光和信息的量子特性来完成安全通信，该领域的研究将确保基础科学的持续进步。量子网络的创新应用还能促进国家的经济发展。摩根士丹利公司在《全球量子通信行业分析报告（2021）》中预测，到 2030 年，全球量子通信市场规模将增长至 160 亿美元，年均增长率高达 45%，量子市场主要分布在银行和金融、国防、政府事务、公司事务四大领域。

量子通信的安全优势明显。美国重视信息通信前沿领域的投入，逐步推进量子通信技术的产业化。为抢占在量子通信领域的话语权，确保在该领域的领先地位，美国出台多项政策为量子通信发展提供资源要素支持。2018 年 9 月，新美国安全中心（CNAS）发布《量子力量》研究报告，表明美国要加强在量子网络领域的研发，维持自身的技术优势，

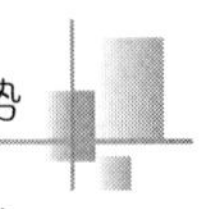

以面对外部威胁。通过推动量子通信领域发展，设计量子安全产品，美国增强了网络空间安全实力，构筑了未来网络防御体系，掌握了全球网络安全的话语权。在全国量子计划协会的建议下，白宫于 2019 年成立了国家量子协调办公室和国家量子计划咨询委员会（NQIAC），以确保量子界学者能为联邦政府提供有用信息。2020 年初，联邦政府发布了《美国量子网络战略构想》，随后美国众议院又发布了《量子网络基础设施法案》，两则文件中都强调要加大研发投资，促进机制创新，以巩固美国在量子领域的世界领先地位。2022 年 2 月，美国白宫科技政策办公室（OSTP）也推出了《量子信息科学和技术劳动力发展国家战略计划》，旨在促进先进技术的教育和推广，培养下一代量子信息科学人才，以匹配量子科学领域不断增长的就业岗位。

四、人工智能（AI）增强网络安全防御能力

全球网络设备的数量惊人，这意味着小部分设备故障或损害都可能发展为远超出人类操作员应对能力的重大安全事件。而人工智能就像力量倍增器，能大幅提升网络安全工作人员的工作效率和防御能力。

目前人工智能系统已经能够识别和修复网络漏洞，这是美国国防部高级研究计划局（DARPA）2016 年“网络挑战计划”的成果之一。这项技术的目的是帮助人类更快地识别和修复易受攻击的系统，它在开发系统的对抗性上也同样有效。由于物联网和移动设备通常缺乏运行高级安全软件所需的计算能力，因此安全性必须嵌入设备本身的硬件中。这些硬件是防御网络恶意攻击的前线，若防线被攻破，它们可能会被用来实施下一波攻击。例如，2016 年 10 月，美国服务器供应商达因公司（Dyn）遭受激烈的分布式拒绝服务攻击（DDoS），这导致亚马逊、红迪网、网飞等主流网站的数百万摄像头被恶意连接至僵尸网络，随后被强制启动，持续消耗大量流量，使得视频网站被迫关闭。研究人工智能算法，使物联网设备能够击败简单的攻击并发现和防御异常状况，这对于网信系统的安全维护至关重要。

第三节　美国网信制度基础设施

美国是世界互联网技术的诞生地，至今已形成了一整套全面而先进的网信治理体系。美国的网信治理早已提升至国家层面，网信制度体系的建设更是其信息战略的重中之重。总结30多年来美国在网络信息制度建设上的实践经验，对制度框架进行归纳与梳理后大体可将其分为以下三个部分：组织构架、法律体系以及产权保护。其中组织构架涵盖现行网络信息管理中的“硬基础”；法律体系是网络信息治理的“软环境”；[①] 而产权保护条例则是网络信息技术发展的“保护伞”。

一、美国网信组织体系发展现状

在互联网行业飞速发展的进程中，30多年来，美国政府先后多次采取了优化顶层规划设计、加强统筹规划、调整组织机构管理功能、健全和完善工作组织等方面的政策措施，不断地强化对美国网络和行业信息安全相关工作的组织领导，逐步建立起了一整套组织结构较为完备的美国网络和行业信息安全工作组织管理制度。[②] 美国的网信相关机构包括国防部、国土安全部、商务部以及国务院等（见图5-1）。其中国防部下设国家安全局和网络司令部，负责军队的网信安全维护和网络战的统筹；国土安全部下设国家网络安全处、网络安全与基础设施安全局和特勤处，主要负责对政府机关和企业的网络信息化进行治理，对网信关键基础设施进行监督；商务部下设国家标准与技术研究院和国家电信与信息管理局，主要负责网信领域国际标准的制定、实施以及完善。各大部门的工作成果会定期汇报给美国安全委员会和美国经济委员会的高级官员，经过汇总整合后向美国总统进行国务报告，最终根据研究成果制

① 尹建国．美国网络信息安全治理机制及其对我国之启示［J］．法商研究，2013，30（2）：138－146．

② 张国良，王振波．美国网络和信息安全组织体系透视（上）［J］．信息安全与通信保密，2014（3）：64－69．

定相关的国家网络安全政策和国家网络经济政策。

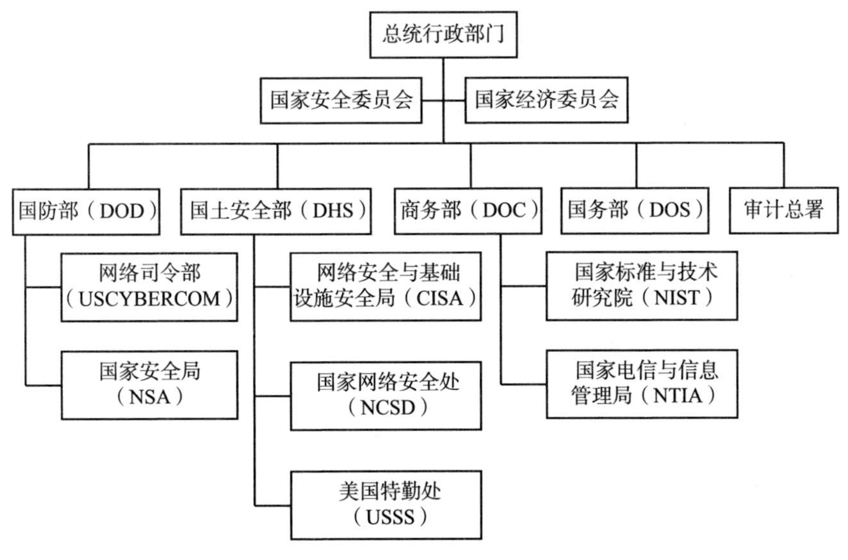

图 5-1　美国网信组织体系架构

二、美国网信的法律制度

目前美国涉及互联网信息安全治理的各种法律和制度的数量比较多，特别是“9·11”事件后，相关的立法呈现出井喷式的发展态势，美国网络信息管理领域的联邦成文法现已包含绝大部分违法犯罪行为。

（一）网络泄密与数据保密

1986 年的《电子通信隐私法》就禁止访问网络电子信息通信的非法隐私文档以及政府部门拦截电子信息通信网络文件的法律适用范围与处罚标准等做出了具体的法律规定。2007 年的《信息自由法》就促进政府服务信息公开的依法申请受理流程做出了详细的法律规定。2012 年，美国总统奥巴马发布的政府工作报告强调将增强消费者隐私权保护，该报告指出政府会针对网络平台非法收集、利用和披露公民个人信息的行为实施更严格审查，对不符合规定的互联网机构或个人依法罚款。

（二）打击网络恐怖主义

打击互联网上的恐怖主义被视为美国互联网信息管理工作的重点。“9·11”事件发生不久后美国便颁布了《爱国者法案》，并将其作为加强美国预防和抵抗恐怖主义活动的指导准则。该法案首次提出要针对恐怖组织建立反恐基金会，对互联网上的恐怖主义进行有针对性的打击。美国联邦政府还在2002年颁布了《国土安全法》，根据法案组建国土安全部，进一步增强对恐怖主义的反击能力。

（三）治理网络色情

目前美国在预防和打击成人网络色情活动方面尚未有特定的法律规范，但是对于青少年的网络色情信息治理，美国有严厉的法律规定。早在1996年美国就出台了《通信限制法》，该法案规定，在网络平台上向未成年人传播色情信息的行为构成犯罪，会受到刑罚制裁。后来美国又颁布了《未成年网络隐私保护法》和《未成年网络保护法》，旨在打击与未成年人相关的网络色情违法行为，保护未成年人的权益。

三、美国网络时代的知识产权保护

互联网的普及与发展为人们的生活提供了便利，与此同时，在网络上窃取或侵犯他人知识产权的事例也时有发生，将互联网领域纳入知识产权保护体系迫在眉睫。细分来看，互联网行业的知识产权可以分成两类：软件知识产权与电子出版物知识产权。这是因为软件本身具备的工具属性使其无法被当作纯粹的出版物。最初的计算机软件被人们认为是一种附带产品，它被人们当作独立产品来对待是源于比尔·盖茨那封著名的公开信。20世纪70年代初，比尔·盖茨发表了一封致电脑兴趣爱好者的公开信，抱怨没有接受任何授权就可以使用微软旗下某个软件应用的现象太常见，这导致新创办的微软公司只能得到微薄的回报。这封

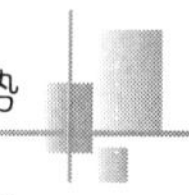

信引发人们对猖獗的软件盗版行为的激烈讨论，被看做软件通过商业授权获取收益的开端，此后软件逐步成为独立意义的产品。

美国的专利与版权保护体系历经从无到有，到进一步的细分细化，再到不断进行强化的过程。20 世纪 60 年代初美国就有了“软件”的概念，但 1976 年颁布的《版权法》中并没有对软件版权进行独立保护的规定。直到 1980 年，美国《版权法》修订版中首次以官方态度区分计算机软件与文学作品，但是该法案对软件侵权行为的界定不明晰，必须依赖法官的个人临机判断。1998 年颁布的《数字千年法案》（DMCA）首次引进了更加深入、精细化的侵权概念，例如将直接绕开软件著作权和软件版权的技术手段确定为非法侵权，把诸如软件代码破解、逆向开发工程等一系列行为都纳入法律禁止的行为范畴之中，这是计算机软件技术与内容出版商的公开对抗。

第四节　美国网信安全的维护

美国前总统克林顿曾表示，互联网时代充满了希望却也充斥着威胁。现代国家安全的概念早已不是狭义的国家主权与领土的维护，网络信息的安全也成为国家安全的重要组成部分，甚至占据最核心的地位。自特朗普上台后，美国已经发布了多项与网络安全相关的报告，其在提高美国人民群众对网络安全的风险防范能力、威慑和打击不合规的网络行为主体等各个方面都与以往严厉的国家安全政策一脉相承，同时也体现了特朗普政府所追求和崇尚的美国人民利益至上的理念。

一、美国网信安全的保障框架

美国是世界互联网源起国，其国内民众的生产生活离不开网络空间，因此其对网络信息安全问题的重视不言而喻。美国的信息安全框架主要分为以下三个维度：安全技术层、安全管理层和安全政策法规层。政策法规层保护安全管理层和安全技术层，安全管理层保障安全技术层。[①]

（一）安全技术层

美国一直致力于开发与完善国际性的计算机标准和网信安全的风险管理标准。联邦政府还积极研究和开发信息安全创新技术。在大量地研究开发了包括密码自动识别、防火墙、安全网络路由器、安全网络服务器、用户身份验证安全产品等信息防范类安全技术并不断进行更新换代的基础上，美国也正在努力探索开发包括信息预警、检测、跟踪、反应和灾后修复等信息防范性安全技术，同时积极推动建设下一代美国移动安全互联网。

（二）安全管理层面

美国十分看重信息安全治理，联邦政府不但建立了完善的信息安全的治理体系，还让美国总统亲自负责保护信息和网络系统安全。例如，在制定《国家网络战略》过程中，美国专门建立起了整合20多个联邦组织和机构等安全力量的国土安全部作为美国政府的联络中心，促进地方政府、民间组织以及个人间的有效交流。

（三）安全政策法规层

该层面主要包括制定各项安全政策和战略、安全法律和策略、安全规章法令和条例等，旨在严厉打击国内外违法犯罪行为，依法维护信息安全。美国是世界上计算机互联网发展最迅速、应用最广泛的国家，但是它也被认为是世界上计算机互联网犯罪发生最早、涉及数额最大以及发布与信息安全有关的政策法规最多的国家。美国的网信安全政策制定以“9·11”事件为分水岭，从“适度保护，防守为主”转变成“先发制人，积极进攻”。

1. “9·11”事件发生前的“适度保护”信息安全政策

“9·11”事件尚未发生时，互联网飞速发展，全球性的网络正在

---

① 蔡翠红．美国国家信息安全战略的演变与评价［J］．信息网络安全，2010（1）：71－73.

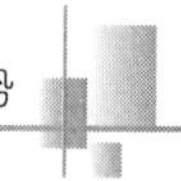

形成。网络安全事件渐渐在各地发生，美国政府初步认识到网信安全的重要性。1994 年美国颁布了《计算机法修正法案》，用以打击计算机犯罪。5 年后，联邦政府又出台了《联邦政府信息安全法》，以保护政府的信息和信息系统安全。2000 年的《美国国家安全报告》中第一次将重要信息基础设施认定为关乎国家安全的关键性设施。

2. “9·11”事件后的“先发制人”信息安全政策

2001 年 9 月 11 日，美国遭受恐怖袭击，民众意识到日常生活中也隐藏着众多安全威胁。为了有效地应对恐怖主义威胁，美国人民做出了自己的选择，甚至愿意牺牲部分“个人自由”这个核心利益来换取人身安全。“9·11”事件改变了美国人在国家机密信息安全受到严重威胁时的自我意识与认知，使得美国的信息安全管理机构在整个国家安全战略管理体系中处于绝对优先的地位。“9·11”事件也让美国当局看见自身信息安全保护措施与信息管理效率间的矛盾，认识到应当积极处理政府内部涉及国家机密信息安全的有关问题，同时加深与国际组织和战略合作伙伴的关系，借助多方力量提高信息安全工作的效率。

布什政府对网络空间信息安全高度重视，不但颁布了《网络空间安全国家战略》，还采取各种有效的保障措施，着力加强国家网络与空间信息安全的技术保护与风险防范。布什还在极短时间内组建了美国首个关键基础设施保护委员会（CIPC），旨在协调联邦政府的各项基础设施保护工作。2018 年 9 月，特朗普政府发布的新版《国家网络战略》，旨在赋予政府机构和司法机关更强的职权，以提高对网络犯罪和网络攻击行为的响应能力。《国家网络战略》强调要加强美国政府机构的网络安全防御能力，美国国防部将采取比之前更为强硬的攻击态度，国土安全部在网络防御方面的地位进一步提高。《国家网络战略》还将增强美国各军种的网络作战能力，允许其在网络空间执行进攻性的行动，未来这些军队将能主动地追捕海外攻击源等内容纳入其中。

二、美国网络信息化与安全举措的特点

随着互联网技术的快速发展，美国面临越来越多的网络安全威胁，联邦政府逐渐增强对网络空间的安全建设。目前美国政府聚焦网信领域

竞争，重视国际网信标准制定，致力于维持领先技术优势。美国的网络信息化与安全政策存在以下几个特点。

（一）强化网信安全发展的顶层设计

30多年来，美国网信安全政策历经几届政府的优化，从政策提出到细化体系，从适度保护到加强管控，从防御为主到先发制人，网络信息化与安全政策体系趋于成熟，也逐步体现出“扩张性”的特点。[①] 2011年5月，奥巴马政府签署《网络空间国际战略》，首次将其外交政策目标与互联网政策结合在一起。2015年，美国国防部发布《国防部网络战略》，该战略首次正式引入“网络战”概念，表明美国对网络空间高度重视，美军在未来的作战中会运用网络战攻击敌人。在对国家网络信息安全战略的深入和推进中，美国常以总统令的形式对外进行宣传，保证了行动的有效性和权威性。

（二）加强信息立法工作

美国是最早对网络信息安全进行法律保护的国家，也是拥有最健全、完善的网络安全法律保护框架的国家。美国网络信息立法体系构建内容纷繁、涉及领域广泛、覆盖主体众多，主要涵盖审议发布新法律与修订整合原有法律两大方面。近年来，美国发布数十部与网络空间安全相关的联邦法律，其信息法律法规覆盖的领域也从早期的规范网络色情不断发展到网络知识产权保护、关键基础设施保护、数据保护和打击网络恐怖主义等多个方面，形成了一整套较为规范的法律法规体系。

（三）提出“网络威慑”并实施积极防御

美国网信安全部署以国家安全局、国土安全部、中央情报局等机构为核心，逐步形成网络空间领域的强力防御、有效渗透、综合攻击能力。目前美国是世界上唯一公开提出要进行主动网络攻击的国家，同时其拥有装备最精良、技术最先进、人员素质最完备的网络战军队。美国

---

① 张舒，刘洪梅．中美网络信息安全政策比较与评估［J］．信息安全与通信保密，2017（5）：68－79．

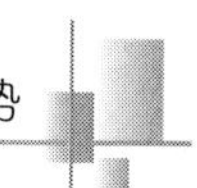

政府自2006年起开展过多场网络攻防战和网络武力对抗联合组织军演，将真实的网络敌对和虚拟环境两种方式相结合来对当前国际网络空间威胁进行模拟预测。多个兵种、全方位的国际网络空间作战联合演习和频繁的国际网络作战演习极有效地增强了美军在国际网络信息化领域的综合战斗能力。

（四）加大保护关键基础设施的力度

“9·11”恐怖袭击事件爆发以后，美国逐渐意识到全球互联网面临的威胁正在迅猛扩散和持续性增长，这给关键基础的建设与维护带来了严重的网络安全隐患。2002年，布什政府将恐怖主义认定为美国核心威胁，颁布《国土安全法》，在原有的国土安全办公室的基础上成立了国土安全部（DHS），将关键基础设施的保护提升到国家安全的高度。美国政府曾多次更换关键基础设施安全方面的主要政府领导人，并对相关机构组织进行重组。《关键基础设施保护条例》（1998年）和《信息时代的关键基础设施保护》（2001年）等相关法律文件都直接涉及政府机构间的整合和组织创建。同时，美国政府也不断扩大与细化关键基础设施政策保护的范畴，例如2003年发布的《关键基础设施和重要资产物理保护的国家战略》和2013年发布的《关键基础设施安全性及恢复力》等文件均涉及关键基础设施保护范畴的调整，这表明美国对关键基础设施的分类正趋向稳定。此外，美国还特别重视公私合作和信息共享，专门在联邦调查局成立了国家基础设施保护中心、连接美国所有行政部门及私营部门的信息共享和分析中心，这些部门能够针对网络攻击进行实时报警、综合分析、执法调查和应急响应。

（五）促进信息安全产业发展和人才队伍培养

几十年来，美国的各级地方政府、科研机构和国际知名企业共同推进互联网技术合作，助力美国信息产业在全球互联网领域的繁荣发展，其在半导体、通信网络、操作系统、办公系统、数据库、搜索引擎、云计算、大数据等核心技术领域占据着主导优势，成功控制着全球网络信息产业链的主干。美国政府努力提高企业的积极能动性，指导互联网企业进行自主创新、产品研发与结构升级，加速互联网基础研究与核心技

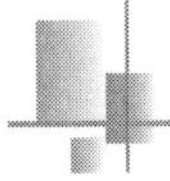

术的进步，因此获得重大成就。美国还不断加快信息安全方面的人才培养，增强民众的信息安全意识。美国在网络安全人才队伍建设方面设计了清晰的战略，制定了相关政策，社会各界基本形成了人才队伍培养、管理和使用的体系化合作，充分地解决了网络信息安全人才供给不足的问题。[①] 2010 年 4 月，美国国家标准与技术研究院推出了国家网络安全教育计划（NICE），就提高民众网络安全意识提出建议。2011 年 8 月，由美国国家标准与技术研究院牵头，同国土安全部、教育部等部门共同发布了《网络空间安全人才培养框架（草案）》，旨在培养网络安全领域人才，助力化解网络安全问题。

专栏 5 –2　美国网络安全与基础设施安全局的设立

美国总统特朗普于 2018 年 11 月 16 日签署了《网络安全与基础设施安全局法案》，该法案提高了前国家保护和计划局（NPPD）在国土安全部的职权。将“国家保护和计划局”更名为“网络安全与基础设施安全局”（CISA）的举动更是把网络安全事务的管理提升至联邦层级。美国网络安全与基础设施安全局的职责仍然是维护美国网信和基础设施的安全，但拥有了更高的职级和更充裕的预算。时任美国国土安全部副部长、国家保护和计划局前主管克里斯托弗·克雷布斯成为网络安全与基础设施安全局的首位负责人。

CISA 的愿景是建立安全、有保障、有弹性的网络基础设施，使美国人的网络活动得到保护，使美国式的生活方式得以蓬勃发展。CISA 的主要任务是保护国家实体基础设施，加强网络基础设施的修复力，维护关键基础设施使其施免受威胁，同时与各级政府和私营部门的伙伴合作，以防范未来难以预测的风险。CISA 下属部门包括网络安全司、应急通信司、基础设施安全司、国家风险管理中心、联邦警卫局等。克里斯托弗·克雷布斯曾表示，经国会通过的 CISA 法案表明国家为提升网络安全所做的诸多工作取得了真正的进展。

资料来源：作者根据相关官方资料整理而得。

---

① 张晓菲，李斌，王星．美国网络安全人才队伍建设状况［J］．中国信息安全，2015(9)：84 –86.

第五节　美国试图保持网信的代际优势

美国是互联网的发源地，在网络发展浪潮中具有先发优势，培育出了大批掌握核心数字技术的科技企业，主导着信息产业的兴起与变革。面对各种对网络安全造成威胁的事件，美国政府携手企业联盟、高校智库和科研机构，共同商讨治理对策，逐步构建起领先的技术基础设施、完善的制度体系和高水平的网络信息化安全治理体系，形成和确保了独特的网信代际优势。

一、重点保护网信的关键领域

近年来，世界各国和国际组织相继出台了一系列法律法规，对网信领域的关键基础设施、核心技术、重要产业进行保护。各国不约而同地将网络安全提高到了国家安全的维度。美国作为国际互联网空间的领跑者，是最早对网信重点领域进行立法保护的国家之一。

一方面，美国格外重视网信关键基础设施的建设与维护。早在1996年，美国政府就认识到保护基础设施的重要性，下令对关键基础设施范围进行划定，同时成立专门的保护机构。而后颁布的《信息系统保护计划》《信息站共同条令》《国土安全法》《国家基础设施保护计划》等法律法规对关键基础设施的范围、地位、识别、维护做出系统性指导，将网信基础设施安全纳入国家安全的保护范畴。经过几十年的发展，美国已基本形成了较为完善的政府机关、私营企业、组织协会等多主体协同共治的关键基础设施保护体系与管理框架，同时其与美国的应急响应与军事战略相融合，为国家安全战略的实施保驾护航。

另一方面，美国对本国网信领域的核心技术成果和重要产业发展进行了干预式管理。美国政府会指定专门的企业与机构提供政府事务相关服务，保证内部机密信息与情报不会被泄露。而对拥有核心互联网技术的公司，美国政府会进行监管干预，比如限制外国公司跨国并购本土有敏感科学技术的企业，又或者阻挠网络安全领域的厂商对外进行技术转移，旨在减少网信领域核心技术的流失，增强本国的网信安全保护能力。例如，2016 年，奥巴马终止福建宏芯投资基金子公司对爱思强科技公司（Aixtron GE）的收购计划；2017 年，特朗普又以国家安全为由禁止我国控股的坎宇公司（Canyon Bridge）收购莱迪思（Lattice）半导体公司。2018 年，特朗普正式签署《外国投资风险审查现代化法案》(FIRRMA)，该法案规定美国总统拥有暂停或禁止某项交易的最终决定权，涉及敏感关键性技术的交易有进行申报的强制性义务。该举措进一步限制美国敏感技术和高附加值专利的流出，增强了美国网络安全和网络防范保障能力。

二、推进多主体协同创新模式

美国政府认为创新是国家网信战略的重要目标之一。多年来美国政府与私人企业、高校学者、研究机构和民间协会组织合作，共同构建了政产学研协同创新的研究机制。2017 年 3 月 9 日，美国国家科学基金会（NSF）发函鼓励产业界和学术界在网络安全领域开展合作，创建工业界与大学合作研究中心（IUCRC），共同面对网络安全领域的跨学科整合性难题。美国政府也将云计算、大数据等关键技术视为国家战略予以全力推进。2012 年 3 月，奥巴马政府提出“大数据研究和发展倡议”，倡议指出将投资超 2 亿美元对环保、医药、教育、科技等领域的创新研究进行支持，旨在加速收获技术性突破。此外，高校或科研机构研发出创新性成果时，美国政府会给予相应补贴，从而能够推进成果及时转化为产品，最终在市场上流通。该措施有效推进了互联网核心技术的创新研发。

三、知识产权保护和开源运动的双轨发展

知识产权保护对推动美国网信核心技术发展至关重要。有了法律层面的保护，互联网企业与技术性人才才能发挥主观能动性，进行自主创新、产品研发与结构升级，加速互联网基础研究与核心技术的进

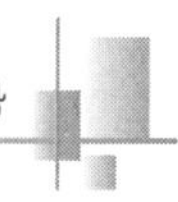

步。1995年起，美国政府相继颁布了《录音制品数字表演权法案》《诱导侵权责任法则》《反电子盗窃法》《数字千年版权法》（DMCA）等法律文件。值得注意的是，1998年颁布的《数字千年版权法》是数字时代网络著作权立法的新尝试，对美国网络作品的版权起到了重要的保护作用。

与此同时，美国轰轰烈烈的“开源运动”为互联网技术的持续创新注入了新鲜血液。[①]“开源运动”是指分享源代码供他人自由使用的行为。开源可以降低信息获取的边际成本，激发技术创新，同时可以建立可信的协作模式，加速产业变革。“开源”是一个世界系统。美国拥有数量庞大且技术专精的高素质互联网技术人才，他们都是开源运动的参与者，因此美国理所应当地成为世界开源运动的中心，这也是美国的强大之处。

四、培养创新型网络人才

长期以来，美国一直在全球互联网发展中位于领先地位，其拥有清晰可行的网络发展规划和完善的网络安全保护机制，而在这些突出能力与亮眼成果的背后起支撑作用的是美国高素质、高水平、专精尖的网络领域的人才。从2004年开始，美国国土安全部就与国家安全局的信息保障司（IAD）合作，一同实施了“国家学术精英中心”计划，挑选了一批拥有专业技术的精英，其中就包括技术高超的网络领域的人才。2016年，奥巴马政府发布了首个《联邦网络安全人才战略》，旨在为联邦政府和国家挑选、招募、培养、留存最优秀、最聪明和最全能的网络安全人才。该战略的目标包括：通过教育和培训培育网络安全人才；招募全国最好的网络人才为联邦政府服务；培育并留住高技能人才；明确网络安全人才需求。2019年5月，美国总统特朗普也签署了关于发展网络安全人才的总统行政令，以确保美国经济繁荣和国家安全，维护美国在网络安全领域的优势地位，加强美国网

① 惠志斌．美国网络信息产业发展经验及对我国网络强国建设的启示［J］．信息安全与通信保密，2015（2）：23－25.

络安全人才队伍建设。该行政令中指出，美国网络安全人才是治理、设计、防御、分析、管理、运营和维护美国经济和人民生活所依赖的数据、系统和网络的先锋，是保护美国人民、国土和美好生活方式的战略性资产。

欧盟的网信治理

进入 21 世纪以来，网络技术和电信事业的迅猛发展使社会治理、经济运转、日常生活等方方面面都越来越依赖互联网，与之伴随而出现的一系列问题和影响也使得网信治理成为各国政府战略布局的重要方向。自互联网诞生以来，欧盟无论是在技术性基础设施建设、制度性基础设施建设还是在网络安全治理方面都始终处于世界领先的水平。作为一个不同于独立国家的超国家行为主体，欧盟的网信治理战略举措更有其自身的独特之处和研究价值。

第一节　欧盟的网信发展战略

伴随着互联网技术的迅猛发展，数字世界及更广泛的网络空间对世界政治经济格局、各国社会和民众生活的各个方面都产生了重大而深远的影响，“数字主权”越来越成为各国争夺和关注的焦点。进入 21 世纪以来，特别是近些年来，欧盟在数字化转型及网信发展方面出台了一系列战略举措，充分展现出了其在网络环境建设和全球数字治理上的决心。

一、数据战略展示数据经济治理的长远目标

数字技术飞速进步，数字革命正以势不可挡之势对人类社会的方方面面产生深刻影响。而在这场变革中，数据成为堪称“石油”的核心生产要素，其战略意义不言而喻。2020 年 2 月 19 日，《欧洲数据战略》（A European Strategy for Data）在布鲁塞尔发布，详细阐述了欧盟未来五年在数据经济治理方面的战略举措，提出欧盟将在网络空间治理中创建一个真正开放、安全、单一的数据市场。

（一）构建数据访问和使用的跨部门治理框架

为避免由于欧盟各部门和成员国之间行动、信息不一致而造成的市场内部隔阂，应在以数据经济为导向的总体性框架下进行统一的跨部门数据访问和使用。然而，由于难以精确掌握数据经济转型的所有要素，因此，欧盟委员会决定采取可迭代、差异化的“灵活治理原则”推动构建跨部门治理框架。

一是构建“共同欧洲数据空间治理立法框架”，以解决在何种场景下可以使用哪些数据以及数据跨境、跨部门使用的问题；二是努力开放更多高质量的公共部门数据以供参考使用，同时研究制定相关机制，以考虑中小企业的特殊需求，支撑中小企业发展；三是针对影响数据经济参与主体之间关系的一些问题，欧盟委员会将研究采取立法措施的必要性，以促进跨领域的横向数据共享，如明确数据使用规则、评估知识产权框架等。此外，欧盟委员会还提出在战略性经济部门以及公共利益领域构建欧盟共同数据空间，以进一步完善欧盟的数据治理体系，增强欧盟内部及各成员国间跨部门、跨层级协同的能力。

（二）加强数据基础设施建设

欧盟委员会通过制定和实施《云规则手册》相关内容、推动“欧洲地平线”项目来持续加强欧盟在数据基础设施方面的领先优势，进而强化欧盟在数字经济治理中的技术主权。此外，欧盟委员会还计划投资一个从 2021 年到 2027 年与欧盟数据空间和云基础设施整合有关的重大

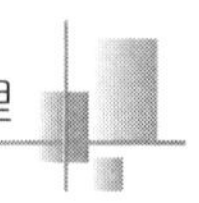

项目，以进一步满足欧盟各部门的具体需求。

（三）加大数据技能投入

欧盟将采取《通用数据保护条例》（General Data Protection Regulation）规定的数据可携带权以及“数字欧洲计划”“欧盟技能增强计划”中提到的数据技能培养等措施，进一步通过相关工具和方法授权个人对其数据进行管理，以此来强化个人数据权，支持并保护每个公民合法使用生成数据的权利，推动公众数据技能和中小企业能力培养。此外，欧盟还将专门针对中小企业出台相应措施，以支持其数据能力建设，通过法律法规等方面的持续完善帮助中小型企业守好数据这一项重要资产，进而使其获得基于数据价值的商业发展。

（四）采取开放积极的国际化途径

基于“共享数据空间”的愿景和价值观，欧盟对国际数据流动也采取开放和积极的态度。欧盟将凭借单一市场监管环境方面的优势，积极参与国际合作，促进和保障欧盟数据处理规则和标准的实施和发展，维护欧洲企业的权益，并在全球数据标准制定、促进国家间的数据传输和自由流动等方面发挥建设性作用。与此同时，欧盟还将构建欧洲数据流量分析框架，从而持续地分析欧盟的数据流动和数据处理部门的发展情况。欧盟也将利用自身有效的数据监管和政策框架，吸引其他国家和地区的数据存储和处理业务。最后，在打击网络犯罪方面，欧盟也将采取有效举措，与世界各地的合作伙伴一道在多边平台打击数据滥用行为，在全世界推广数据治理的“欧洲模式”。

二、数字化战略剑指全球数字化转型的领导地位

2020 年 9 月 22 日，由欧盟委员会委托麦肯锡（McKinsey）咨询公司所做的战略研究报告《塑造欧洲的数字化转型》正式对外发布，该战略报告阐述了欧盟在数字化转型过程中的愿景规划和战略布局，同时也进一步表明了“欧洲在向健康的地球和全新的数字世界转型过程中要发挥领导作用”的雄心和志向。

（一）愿景和目标

《塑造欧洲的数字化转型》中指出，欧盟委员会的目标是希望建立一个植根于欧盟共同价值观的“数字化的欧洲”，在这一社会中，所有个人都能追求发展，所有企业都能公平竞争，而整个欧洲社会则能有序开展数字化转型并引领全球数字化进程。

（二）战略布局

欧盟以技术主权为出发点展开战略布局，提出了欧盟在 2020 ~ 2025 年数字化转型战略的三个关键方向，从而推动欧盟的数字化转型进程，进一步提升欧盟在全球数字化转型中的领导地位。

1. 发展“服务于人的技术”

《塑造欧洲的数字化转型》中提出，欧盟要开发、部署“真正改变人们日常生活的技术”。首先，欧盟将进一步加大对核心技术的投资力度，确保实现关键数字基础设施的自主可控。其次，欧盟还将在连通性、深度技术和人力资本以及智慧能源和交通基础设施方面加大投资力度，以弥合每年 650 亿欧元的投资缺口。再次，欧盟将建立信息共享机制，以确保成员国之间以及欧盟与成员国之间的运营合作和网络安全执法与防御协同能力。最后，加强网络技能的培训也是欧洲数字化转型愿景的重要组成部分。为此，欧盟将加大数字技术专业员工培养力度，并积极鼓励女性充分从事数字技术相关领域的工作。

2. 打造公平竞争的商业环境

在数字时代，确保为企业提供公平的竞争环境比以往任何时候都更重要。欧盟委员会在其数字化战略中就提出，那些适用于现实世界的商业规则，也应同样适用于网络空间，要让消费者像信任现实中的产品和服务一样信任数字产品和服务。此外，在无边界的数字世界中，少数具有最大市场份额的公司获得了基于数据经济创造的价值的大部分利润，而由于企业所得税规则陈旧，企业并不在这些利润产生的地方为其缴税，这就扭曲了公平竞争。基于此，欧盟委员会将采取措施，对其税收制度进行调整和改革。

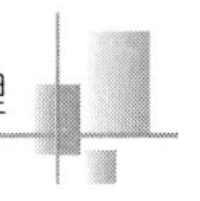

3. 构建开放、包容和可持续的网络空间

近年来，欧盟已经通过《通用数据保护条例》制定标准、出台平台—企业合作规则，引领欧盟互联网走向开放、公平、包容的发展道路。下一步，欧盟还将继续健全相关法律制度，通过访问身份验证等举措更好地保护公民和企业的网络信息安全，打造开放、包容和可持续的网络空间。

第二节　欧盟的技术性基础设施建设

技术性基础设施是指包括互联网技术（IT）基础设施和一些先进现代技术支撑的传统基础设施在内的，国家、城市和组织建设所需要的基础技术服务、设备、设施和结构。而技术性网络基础设施则是指以信息网络为基础的，由数据中心、人工智能和5G网络、工业互联网、数联网等新一代信息技术不断融合、叠加和迭代所形成的新型基础设施体系。欧盟在技术性网络基础设施的建设方面一直走世界的前列。

一、运营技术成为欧盟网络技术领域的关键发展方向

2017年9月，《面向2018～2020年的H2020 ICT工作计划》草案发布，欧洲工业数字化、欧洲数据基础设施、5G、下一代互联网等议题成为欧盟网络技术领域发力的关键方向，该研发计划中涉及的运营技术如下。

（一）高性能计算机、大数据和云计算

物联网、高性能计算、大数据和云计算等技术的融合正在促成大范围创新的出现，建立工业大规模应用测试平台，有效整合这些技术，将加快欧洲主要工业部门（如医疗保健、制造业、能源、金融和保险、农业食品、空间和安全）的数字化步伐并加大其创新潜力。鉴于此原因，欧盟将大力发展欧洲数据基础设施建设，在高性能计算、云和大数据技术方面保持竞争优势的基础上，建立一个高性能、世界级的大数据生态

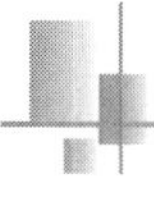

系统，这一生态系统将加强欧洲在众多关键领域的技术供应并能够满足用户对数据基础设施的需求。

1. 高性能计算机（HPC）

高性能计算机是指能够处理一般个人电脑无法处理的大量资料与高速运算的电脑，其主要特点是极大的数据存储容量和极快速的数据处理速度，其广泛应用于国计民生的方方面面，是一国科技发展水平和综合国力的重要标志。

2. 大数据

《面向2018～2020年的H2020 ICT工作计划》中指出通过如下举措推进欧盟大数据技术的发展：完善收集和管理大量数据的体系结构；促进安全联合/分布式系统共同设计的系统工程/工具（涉及所有利益攸关方/技术领域）；运用极端规模分析、深入分析、精确预测和决策支持的新方法；发展新的可视化技术；使用分布式工具和服务高效地分享异构数据池的标准化互连方法。

3. 云计算

通过发展新的建模技术来组合和协调跨异构云的资源，包括微型本地云、私有企业云、集合云和混合云模型，以促进云服务提供商之间的互操作性和数据可移植性；通过发展边缘计算（雾计算）技术来调高数据的安全性和敏感性。

（二）下一代互联网（NGI）

欧盟在其发布的《面向2018～2020年的H2020 ICT工作计划》中提出，欧盟要建立一个以个人数据空间为重、以人为中心的下一代互联网，秉持开放、包容和跨界融合的价值观，强调互联网的多样性、多元性和选择性，注重对个人信息和隐私的保护，其涵盖到的技术主要包括如下几个方面。

1. 互动技术

诸如扩展（AR）和虚拟现实（VR）之类的交互式技术正改变着人们网络通信、交互和信息共享的方式，也直接催生出了文化创意产业、制造业和医疗保健行业等领域新的需求和商机。欧盟计划搭建一个具有竞争性、交互性和可持续性的欧洲技术供应商生态系统，其以交互式技

术为支撑，以信息收集和共享为主要内容，能够更好地为中小企业和工业公司提供服务。

2. 人工智能

从智慧医院到无人驾驶，人工智能已经深刻影响并改变了人们生活的方方面面，成为各国科技发展的重点领域。欧盟在人工智能的发展方面已走在世界前列，而其在下一代互联网构建上，仍将持续加强人工智能的开发和资源投入力度，从而保持其企业和工业产业的竞争优势。

3. 物联网

物联网技术具备深度语义互操作性等特点，这使其在“以人为中心”的下一代互联网中尤其被需要。欧盟计划通过加强与学界、产业界和相关各方的合作，进一步加强网络空间的安全性和隐私性，打造半自治物联网应用，推动欧洲成为物联网研究和创新的引领者。

二、网际互联协议（TCP/IP）自始至终都是欧盟的抢占领域

IP 全称为 Internet Protocol（互联网协议），是 TCP/IP 体系中的网络层协议。

（一）IPv6 发展领先全球

欧盟从2000 年就开始部署 IPv6 的研究，先后推出了20 余个与其相关的研究项目，并投入 1 亿欧元专项资金用于支持 IPv6 的建设。在建设战略上，欧盟采取“先移动，后固定”的思路，即率先在欧洲引入 IPv6，引入之后再不断发展完善。除此之外，其成员国也十分重视 IPv6 的发展，例如，比利时就专门成立了 IPv6 理事会，服务于 IPv6 的技术研究和商业化应用，而德国更是规定互联网服务提供商未来只能采用支撑 IPv6 的组件。

目前，欧盟国家在 IPv6 的技术研发和产业应用方面已走在世界前列。世界著名咨询公司罗兰贝格以各国在 IPv6 部署中的举措和 IPv6 连接数等信息为依据构建了 IPv6 指数，用于分析各国 IPv6 的发展状况并进行了排名，其在排名中将比利时、德国等前 19 名的国家划分为“领跑者”，而在这 19 个国家中，欧盟国家就占了 8 个。

（二）布局基于5G技术的非网际互连协议（Non－IP）

欧盟委员会认为，现行的因特网协议无法支撑大数据时代的工业控制、远程医疗等数字产业高效平稳运行，因此，研究更适合5G时代的新网络协议是当前欧盟网信技术性基础设施建设的重要内容之一。

1. 现行因特网协议的局限性

互联网与移动通信网络的连接终端与网络结构都是不同的，而这种差异直接造成了两者结合后的低效率、高成本问题。以4G网络为例，基于现行因特网协议的通用数据传输平台（GTP）隧道在层层封装、解封、安全协议（IPSec）加密、健壮性包头压缩（ROHC）后，传输时延和处理成本都大大增加。这使得网络在性能、安全性等方面都受到了很大制约，也直接影响了移动通信网络市场的拓展。据此，专家提出我们需要重新定义新的协议。

2. 发展5G技术下的Non－IP

由于现行因特网协议最初并不是为移动通信网络而设计的，因此，当移动通信网络引入现行因特网协议后，网络变得更复杂、频谱使用效率更低。而在实践中，移动运营商们也逐渐意识到了这一问题，为此，欧洲电信标准化协会（ETSI）于2015年成立了“下一代协议”行业规范工作组（ISG NGP），专门研究现行因特网协议的替代解决方案。而与此同时，欧洲电信标准化协会也于2020年4月7日宣布成立新的行业规范工作组——非网际互连协议工作组（ISG NIN），该工作组的主要工作目标就是为5G网络研究开发新的网络协议，以替代现行的因特网协议。

三、网格基础设施建设促进协作型泛欧研究

为满足科技和行业的进步对计算机资源更高的要求，欧洲网格基础设施（EGI）项目于2010年正式启动，该项目是在当前世界最大的多学科网格——“欧洲科研信息化网格”（Enabling Grids for e－Science，EGEE）的基础上建立的基于国家网格计划（NGI）的协作型泛欧网格基础设施，同时，它也是目前欧洲电子科学领域最大的网络基础设施，

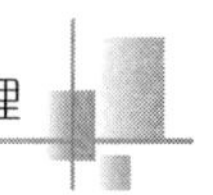

其研究领域涉及的服务、组织和商业应用包含如下。

（一）计算服务

欧洲网格基础设施中的计算服务主要包含如下几种。

1. 云计算

云计算通过应用程序编程接口（API）访问，在隔离的环境中无须物理管理服务器就可提供安全可靠的计算资源，并且用户可以从所有欧洲网格基础设施云提供商之间复制的目录中选择预配置的虚拟设备（如中央处理器、内存、磁盘、操作系统或软件），该技术实现了用户按需部署和扩展虚拟机。

2. 云容器计算

云容器计算具有操作透明、在轻量级环境中可实现最佳性能以及按需配置等特点，它通过标准的应用程序编程接口访问权限使用户按需部署和扩展道客（Docker）容器。

3. 高吞吐量计算

高吞吐量计算由计算中心的分布式网络提供，可通过标准接口和虚拟组织的成员身份进行访问。使用高吞吐量计算，用户可以在基础结构上分析大型数据集并执行数千个并行计算任务。

4. 高效管理器

高效管理器服务基于狄拉克（DIRAC）技术，适用于需要以透明方式利用分布式资源的用户，该服务允许通过应用程序编程接口轻松扩展特定应用程序，通过高效管理器，用户可以有效地管理和分发计算任务，最大限度地利用计算资源。

（二）存储和数据服务

欧洲网格基础设施中的存储和数据服务包括如下几种。

1. 线上存储

线上存储可以实现通过不同的标准协议进行访问，并且可以在不同的提供程序之间进行复制，以提高容错能力。线上存储使用户能够掌控与谁共享数据并且能够完全监测、控制共享的数据。

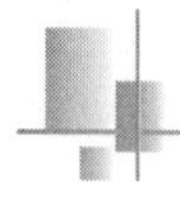

2. 归档存储

归档存储采用可互操作的开放标准，可以在多个存储站点之间复制存档存储的数据。归档存储使用户可以在安全的环境中存储大量数据，从而释放常用的在线存储资源。

3. 数据传输

数据传输是移动大量文件或超大文件的理想选择。数据传输服务具有确保发生故障时自动重试的机制，通过数据传输，用户可以将任何类型的数据文件从一个位置移动到另一个位置。

（三）商业应用

除了为政府和官方机构提供服务，欧洲网格基础设施也在积极开拓可持续运作发展的商业化道路，包括：

（1）访问欧洲网格基础设施电子基础设施和平台获得计算能力，以测试将成为未来高级信息通信技术（ICT）产品或服务的一部分工作流、模型和应用程序。

（2）重用开放式研究数据集、工具和应用程序进行产品或服务开发，充分利用连接到欧洲网格基础设施资源的日益增多的研究数据集，以帮助用户构建自己的增值服务。

（3）推销用户的服务。受益于欧洲网格基础设施的活动、出版物和国际网络，已在欧洲网格基础设施生态系统中获得认可。

（4）共同设计新产品和服务。与分布式计算系统和所有科学领域的专家合作，使用分布式基础架构部署技术解决方案并共同开发新产品和服务。

第三节　欧盟的制度性基础设施建设

制度性基础设施是包含法律框架、金融体系、行政机构等在内的软件性基础设施，是在社会中具有基础性作用的重要因素，对一个社会经济和安全等领域会产生重要的影响。欧盟的互联网发展起步早且持续稳定，其制度性基础设施建设也走在世界的前列。

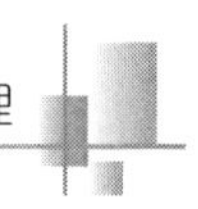

一、系统全面的网络与信息治理机构

欧盟在网络和信息治理相关领域有系统完整的行政机构，按其职能划分，大致可以概括为宏观、中观和微观三个层面。

（一）宏观层面

宏观层面的网信治理机构包括欧盟委员会（EC）、欧盟理事会、欧洲议会和对外行动署，其主要制定宏观战略和政策，并与其他国际组织和国家在宏观层面开展合作和交流。这类机构不负责具体网络治理和执行措施的执行，其主要职责是把控宏观方向和目标。

（二）中观层面

在中观层面上，欧盟根据具体职能的不同设置了多个不同的网络治理和信息安全机构，具体包括：独立于欧盟委员会和欧洲理事会、主要负责欧盟互联网政策评估和网信治理实践调研的欧洲网络与信息安全局（ENISA），欧洲刑警组织（Europol）针对网络犯罪而专门设立的欧洲网络犯罪中心（SC3），负责网络动态实时监测和突发性事件应急响应的欧盟计算机应急响应小组（EU - CERT），定期维护和整合数据信息的欧洲数据保护专员公署（EDPS），以及由欧洲防务局和欧盟军事参谋部共同设立的网络情报搜集部门——“欧盟网络部队”。

（三）微观层面

在微观层面，欧盟各成员国的网络和信息安全机构都是欧盟网信治理机构的重要力量，包括各国的网络安全局、网络安全信息小组等。此外，在欧盟层面，欧盟一级的电信部门、司法部门、情报部门等也都相互分工协调，在网信治理方面系统、有序地进行运转和协同。

二、共享合作的关键信息基础设施保护

根据《欧盟关键基础设施保护计划绿皮书》的定义，关键信息基

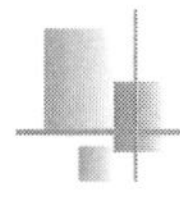

础设施保护（CIIP）是指关键基础设施的所有者、运营商、用户等通过采取计划和活动，以使关键信息基础设施在失灵、遭受攻击或出现事故的情况下，其性能仍然能保持在最低水平之上，并以最短的时间和最小的损失恢复。

（一）相应法律法规

从横向来看，在世界各国的网络治理中，欧盟对关键信息基础设施的保护开展较早，相应法律法规也较为完善，其中主要的法律法规有：2004 年在“欧洲关键基础设施保护规划”系列中出台的《打击恐怖活动、加强关键基础设施保护的通讯》《保护关键基础设施的欧洲计划》；2005 年出台的《保护关键基础设施的欧洲计划（EPCIP）》；2006 年出台的《关于欧盟理事会制定识别、指定欧洲关键基础设施并评估提高保护的必要性指令的建议》；2009 年发布的《保护欧洲免受大规模网络攻击和中断：预备、安全和恢复力的通讯》；2011 年发布的《关键信息基础设施保护：“成就与进步：面向全球网络安全”的通讯》；2012 年颁布的《“关键信息基础设施保护：面向全球网络安全”的决议》。

（二）制度特点

欧盟在关键信息基础设施保护方面具有独特性和可借鉴性，具体可概括为如下几点。

1. 强调信息和数据的共享

欧盟委员会在多份涉及网络和数据的战略报告中都提出，应大力加强成员国以及欧盟与其他国际组织和国家在网络技术研究、网络情报和信息共享特别是关键信息基础设施方面的合作，共同应对网络安全挑战，保护本国关键信息基础设施。

2. 倡导公私合作

充分调动各方力量，鼓励民间企业和公民同官方组织一道维护网络安全、共同保护关键信息基础设施是欧盟信息基础设施制度建设的重要特点。在 2009 年欧盟委员会发布的保护关键信息设施的通讯中就提出了要建立欧盟弹性可恢复公私合作机制（European Public－Private Partnership for Resilience，EP3R），以进一步加强公私之间的信息交流与

共享。

3. 建立关键信息基础设施资产目录

欧洲网络与信息安全局的子单位欧盟弹性公私合作机制任务组于2013年发布意见书，将关键信息基础设施资产以目录的形式进行了列举和定义。该目录第一次明确界定了欧盟标准的关键信息基础设施资产，这对于关键信息基础设施的分类和保护起到了重要作用。

三、与时俱进的网络隐私权保护

在人们的生活越来越信息化、数字化的今天，对公民隐私权的保护成为各国政府面临的重要挑战。欧盟一直以来都十分重视对公民和企业隐私权的保护。在数字化时代，欧盟以立法的形式不断丰富完善涉及网络领域的各项规章和制度，切实维护公民和企业的隐私安全。

（一）相应法律法规

欧盟历来重视对个人信息和隐私的保护，英文中的“data protection”就源自德语中的“datenschutz”。早在1970年，德国的黑森州就制定了世界上第一部确认个人对其信息享有控制权的法律。而瑞典则于1973年制定了世界上第一部隐私保护法。[①] 伴随着互联网的到来和日益发展，欧盟也与时俱进，修订并新设了大量法律法规来确保公民的个人隐私在网络空间同样受到保护，这些法律法规包括《关于在信息高速公路上收集和传递个人数据的保护指令》《关于电子通信领域个人数据处理和隐私保护的指令》《欧盟个人隐私保护法》《欧盟通用数据保护条例》《非个人数据自由流动条例》《网络安全法案》等。

（二）对我国的借鉴意义

近些年来，我国在5G等网络技术和电子商务发展方面已位居世界前列，然而，在个人隐私和数据保护方面却存在着一定的滞后。因此，

① 周辉．网络隐私和个人信息保护的实践与未来——基于欧盟、美国与中国司法实践的比较研究［J］．治理研究，2018，34（4）：122－128.

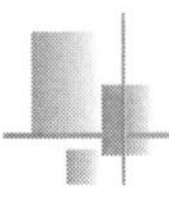

我们可以借鉴学习欧盟的网络隐私保护模式，建立健全并不断完善相关法律法规，大力宣传隐私保护的价值理念和文化，从而推动我国个人网络隐私和数据保护方面的进步。

1. 制定隐私保护专门法律

欧盟的个人隐私保护走在世界前列，除了受其历史和文化传统的影响之外，还有一个重要的原因就是欧盟和其成员国都拥有多部系统完善的针对个人隐私和数据保护的法律，这些法律清晰明确地界定了个人隐私的定义和范围，并规定对违反法律规定的侵权犯罪行为进行惩处。对标欧盟，中国在这一方面暴露出了明显短板。目前，我国关于个人隐私和网络信息保护的独立法律仅有《中华人民共和国个人信息保护法(草案)》。

2. 加大侵犯隐私惩戒力度

于2018年5月25日正式生效的欧盟《通用数据保护条例》因其实行极为严格的个人信息保护政策而被称为“史上最严法规”。该条例不仅在管辖范围和监管水平上做了大幅的调整，还规定了违反网络隐私保护要求最高可处2000万欧元罚款的力度空前的惩罚措施。该条例的出台有力地震慑了侵犯个人隐私和数据信息的行为，对我国网络隐私的保护具有借鉴意义。

第四节　欧盟的网络安全建设

伴随着人们的日常生活和经济越来越依赖于数字技术，网络安全已经成为欧洲安全不可或缺的一部分。无论是飞机、银行、公共管理机构或医院，还是人们经常使用和连接的设备，都应该在确保其不受网络威胁的前提下运行。此外，保护欧盟领土和国家安全的民用基础设施和军事能力也都依赖于安全的数字系统。与此同时，欧盟的经济、民主和社会也比以往任何时候都更加依赖安全可靠的数字工具和网络技术。综上所述，确保建设一个安全可靠的网络安全环境对于欧洲社会的繁荣和稳定至关重要。

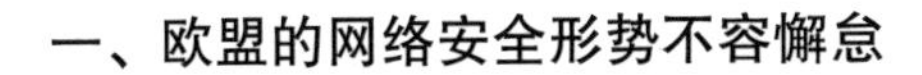

一、欧盟的网络安全形势不容懈怠

数字世界在给欧盟社会带来巨大的利益的同时，也在使欧盟的网络安全形势面临严峻挑战。《欧盟网络安全战略》中表明，近些年来，无论是蓄意的还是无意的网络安全事件，都正在以惊人的速度增长。这些威胁不仅会扰乱欧洲正常的水、电、医疗等基本服务供应，还可能造成自然灾害、网络犯罪甚至恐怖袭击，其严重威胁欧盟的经济、政治和社会繁荣稳定。

（一）网络犯罪急剧增加

网络犯罪具有高利润和低风险的特点，犯罪分子经常利用网站域名的匿名性实施网络犯罪行为。据欧盟发布的报告显示，网络犯罪已经成为增长最快的犯罪形式之一，全世界每天有超过 100 万人成为网络犯罪的受害者。与此同时，网络犯罪还呈现出了日益复杂化、模糊化和不分国界等特点，这些都使得欧盟网络安全形势日益严峻、网络犯罪数量近些年来急剧攀升。《欧盟数字十年网络安全战略》中指出，大约有 2/5 的欧盟网络用户经历过与安全相关的问题，3/5 的用户感到无法让自己免受网络犯罪的侵害，1/3 的用户在过去 3 年中收到过索取个人详细信息的欺诈电子邮件或电话，1/8 的企业受到过网络攻击的影响，超过一半的企业和消费者的个人电脑曾经被恶意软件感染，每年有数亿条记录因数据泄露而丢失。

（二）经济持续受网络犯罪活动的影响

信息和通信技术已成为欧盟经济增长的支柱和所有经济部门所依赖的重要资源，它支撑着欧洲的经济在金融、卫生、能源和运输等关键部门保持运转，并且许多商业模式也是建立在不间断的互联网和信息系统的顺利运作之上的。欧盟委员会公布的数据显示，通过数字单一市场的运行，欧洲可以每年将其国内生产总值提高近 5000 亿美元，平均每人 1000 美元。由此可见，网络和信息通信技术对欧洲经济具有重大意义。然而，2012 年的欧洲晴雨表调查显示，几乎 1/3 的欧洲人对他们使用

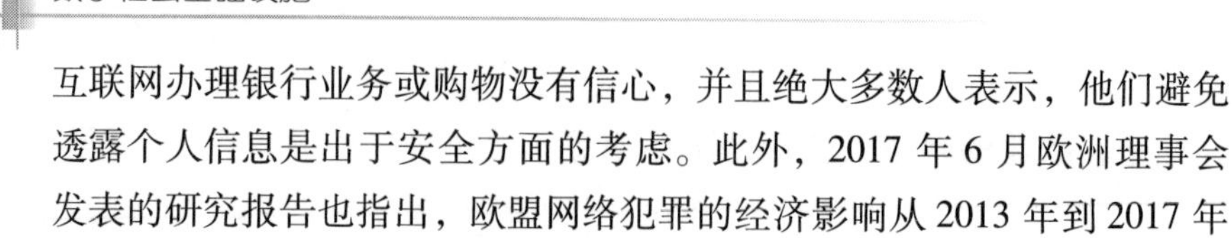

互联网办理银行业务或购物没有信心，并且绝大多数人表示，他们避免透露个人信息是出于安全方面的考虑。此外，2017 年 6 月欧洲理事会发表的研究报告也指出，欧盟网络犯罪的经济影响从 2013 年到 2017 年增长了 5 倍，并且仍然呈指数级增长。

（三）众多因素叠加增加了网络的脆弱性

网络技术发展使得跨部门的相互依赖性日益增强，运输、能源、电信、金融、国防等都严重依赖日益相互关联的网络和信息系统。在欧盟于 2020 年 12 月发布的《欧盟数字十年网络安全战略》中显示，截至 2020 年，全球联网设备的数量已经超过了地球上人口的总和，而到 2025 年，联网设备的数量预计将增加到 250 亿台，其中 1/4 将在欧洲。此外，2019 年新冠肺炎疫情加速了工作模式的数字化，在疫情期间，超过 40% 的欧盟工人转向远程工作，并且这可能对今后工作模式的转变产生永久性影响。与此同时，人们越来越依赖具有全球性和开放性特征的互联网的核心功能，例如域名系统（DNS），以及用于通信和托管、应用程序和数据的基本互联网服务，而这些服务越来越集中在少数私人公司手中，这使得欧洲经济和社会更容易受到具有破坏性的地缘政治或技术事件的影响，这些都进一步暴露了欧盟日益依赖数字基础设施供应链的脆弱性，众多因素的叠加也大大增加了欧盟网络安全面临的不确定因素。

二、欧盟的网络安全战略后发居上

近年来，互联网技术和数字经济飞速发展，其在给欧盟带来巨大发展红利的同时，随之出现的各种新的网络犯罪手段和犯罪工具也使欧盟的网络安全形势面临新的问题和挑战，为此欧盟通过出台并不断完善网络安全战略的方式加以应对和治理。

（一）网络安全战略 1.0

尽管欧盟早在 21 世纪初的各种文件中就已提到要重视网络安全问题，但直到 2012 年 5 月，欧洲网络与信息安全局才发布《国家网络安

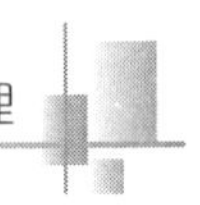

全策略——为加强网络空间安全的国家努力设定线路》的文件，表示将制定一个整体的欧盟网络安全战略。2013 年2 月7 日，欧盟委员会颁布《欧盟网络安全战略：公开、可靠和安全的网络空间》，这是欧盟成立以后在网络安全领域颁布的首个纲领性的战略文件。该文件系统阐述了欧盟在网络安全问题和网信发展战略方面的立场、态度及原则，同时还提出了一系列具体的原则和解决机制。这反映了欧盟在互联网信息建设和网络安全治理领域的雄心壮志，对欧盟各国和国际社会都产生了深远的影响。以下将对该战略进行介绍和分析。

1. 目标及战略原则

欧盟网络安全战略 1.0 中提出了如下目标和战略原则：

（1）坚持欧盟核心价值在虚拟世界同等运用，即欧盟的核心价值以及在现实世界应用的相关法律和规范在虚拟的数字世界同样适用。

（2）保护公民基本权利在网络空间同样不受侵害，这一原则旨在保障公民的基本权利、言论自由以及个人资料和隐私。该战略报告指出，任何以网络安全为目的的信息共享，都应遵守欧盟《通用数据保护条例》的相关规定，并充分保障个人在网络空间的隐私和权利。

（3）全面开放互联网，使每个用户都能获取互联网上的全部信息。该战略报告规定，必须保证互联网的完整性和安全性，以便使所有人都能安全访问互联网并不受阻碍地实现信息流动。

（4）坚持民主有效的多元管理，强调所有利益攸关方在互联网治理模式中的作用。数字世界不是由一个单一的实体控制的，而是由多个利益攸关方共同参与、相互作用的。欧盟在该战略报告中重申所有利益攸关方在当前互联网治理模式中的重要性，并强调支持多利益攸关方共同治理的模式。

（5）坚持责任共担，加强政府、私人部门及公民之间的协调合作。随着互联网和信息技术的不断发展，人们对信息和通信技术的依赖日益增加，这也导致了解决网络安全领域出现的问题需要所有相关者共同参与。无论是公共当局、私营部门还是公民个人，都需要共同承担责任，采取行动，并在必要时采取协调一致的对策，以加强网络安全。

2. 战略优先项目

欧盟网络安全战略 1.0 中提出的战略优先项目有：

（1）提高网络恢复能力。网络恢复能力是指在软件运行失效且需要重运行并恢复直接受影响数据时，与重建其性能级别和恢复直接受影响数据的能力有关的软件属性。网络恢复能力的强弱直接关系到欧盟内部市场的良好运行以及整个欧盟的内部安全，如果不大力加强各主体在能力、资源和程序方面的协作，及时预防、发现和处理各类网络安全事件，那么整个欧洲的网络信息安全建设将处于弱势地位，因此，该战略报告明确将“提高网络恢复能力”作为一项战略优先项目来发展。

（2）大规模减少网络犯罪。该战略报告中指出，随着互联网技术的不断发展和人们的生活对互联网依赖的不断加深，网络犯罪分子正在使用越来越隐秘、复杂的工具和手段入侵信息系统，窃取关键数据或控制公司来勒索赎金。此外，经济间谍活动和国家支持的网络空间活动也在日益增加，这些都给欧盟各国政府和企业带来了新的威胁。而由于互联网“无国界”的特性，欧盟在该战略报告中提议，因特网的全球覆盖意味着执法部门也必须进行协调一致的跨区域合作，以应对这一日益严重的威胁。

（3）在欧盟共同防务框架下制定网络防御政策，提升网络防御能力。网络防御层面的建设是欧盟网络安全维护和网络安全战略的重点内容之一。鉴于来自各方面的网络安全威胁，该战略报告指出，网络防御能力的建设应侧重于发现、应对网络安全问题和从复杂的网络威胁中快速恢复的能力，同时加强民用和军事手段在保护关键网络资产方面的协同作用以及欧盟各国政府、私营部门和学术界之间更密切的合作。

（4）着力发展网络安全的相关产业和技术资源。该战略报告指出，欧洲是世界研究和发明创造诞生的圣地，但众多具有全球领导力的创新型通信通技术产品和服务却都诞生在欧盟之外，与此同时，欧盟还面临着有可能过度依赖境外通信技术和开发的安全隐患。因此，大力发展网络安全产业和技术资源，确保在欧盟和第三国生产的移动通信设备安全、可信赖，对于保护个人数据隐私、维护欧盟网络安全至关重要。

（5）加强政府、私人部门及公民之间的合作，促进欧盟核心价值观在网络空间同样适用。保护开放、自由和安全的网络空间是一项全球性的挑战，欧盟会以合作、开放的心态与相关国际组织、私营部门和民间社会共同应对，制定完善促进互联网在安全基础上开放、自由的行为

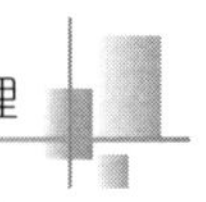

准则，努力缩小数字鸿沟。此外，欧盟还将积极参与网络空间国际法的制定，将人类尊严、自由、民主、平等、法治等欧盟核心价值观渗透融合到网络空间的国际法中。

（二）网络安全战略2.0

自《欧盟网络安全战略：公开、可靠和安全的网络空间》正式实施以来，其对欧盟及欧洲各国网络安全问题的解决发挥了重要的作用，为更好评估战略的实施效果，并进一步完善欧盟的网络安全战略，欧盟委员会于2017年对该战略进行了评估，评估报告指出，《欧盟网络安全战略：公开、可靠和安全的网络空间》中提出的实施原则及战略优先发展项目仍具有重要且积极的现实意义，但该战略已不足以应对新技术发展带来的挑战。互联网的大规模普及和应用使得网络犯罪和“传统”犯罪之间的界限越来越模糊，同时，犯罪分子利用互联网不断寻找新的犯罪方法和工具也给网络安全防御带来了更多不确定因素。欧盟委员会发布的研究数据表明，网络犯罪的经济影响从2013年到2017年已增长了5倍，并且还呈现出继续倍数增长的态势。鉴于此，欧盟委员会于2017年9月发布了《欧盟网络安全战略》（修订版）——《复原力、威慑力和防御力：为欧盟建立强大的网络安全》，以应对网络技术发展所带来的网络安全新问题、新挑战。修订版在原战略的基础上突出强调以下三个原则。

1. 建立更强的网络攻击复原力和战略自主权

强大的网络攻击复原力和战略自主权的建立需要政府、社会和公民多层面的共同参与，这就要求在成员国和欧盟层面的机构和组织中建立更强有力和更有效的结构，以维护网络安全、应对网络攻击。

（1）加强欧洲网络与信息安全局的作用。欧洲网络与信息安全局在加强欧盟网络复原力和应对各种网络安全挑战方面理应发挥关键作用，然而受组织机构和任务等限制，其一直表现不佳。因此，欧盟委员会提出相应的改革建议，指出改革后的欧洲网络与信息安全局将在政策制定和执行方面发挥强有力的咨询作用，包括促进各部门与国家情报和安全局在任务指令和行动举措上保持一致性，并帮助关键部门建立信息共享和分析中心。信息技术相关部门将支持欧盟制定关于信息和通信技

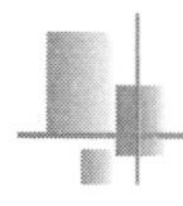

术网络安全认证的政策。此外，欧洲网络与信息安全局还将通过组织年度泛欧网络安全演习，加强欧盟各层级、各部门协同应对网络安全威胁的能力。

（2）走向单一的网络安全市场。统一的欧盟网络安全大市场发展一直相对缓慢，一个重要的原因就是缺乏统一的欧盟层面的网络安全认证体系，鉴于此，欧盟委员会在该战略中提出要建立一个涵盖产品、服务等在内的统一的欧盟网络安全认证框架，以进一步促进统一的欧盟网络安全大市场的形成与发展。

（3）全面执行《欧盟网络与信息安全（NIS）指令》。面对严峻的网络安全挑战，欧盟已经认识到提高网络各项标准的必要性。《欧盟网络与信息安全（NIS）指令》是第一部针对欧盟范围的网络安全法规，它旨在通过提高国家网络安全能力、促进成员国之间更好的合作、要求重要经济部门的企业采取有效的风险管理措施等举措建设更强大的欧盟网络复原力。

（4）增强快速应急响应能力。当发生网络攻击时，快速高效的应急响应极为重要。该战略中提出，要将网络安全响应纳入欧盟现有的一级危机管理机制，并进一步明确了成员国之间以及成员国与欧盟相关机构、服务部门、各机关之间在应对大规模网络安全事件和危机时的协同目标和形式。此外，该战略还提出要构建成员国和欧盟之间的网络安全危机应对框架，并定期进行危机应对演习和测试更新。

（5）建立欧盟网络安全研究和能力中心。网络安全技术工具作为未来社会的关键技术之一被看作是一种战略资产，推动网络安全技术的进步有利于欧盟在数字经济、社会和民主、保护关键硬件和软件以及提供关键网络安全服务等领域保障其基本能力。此外，考虑到网络安全技术的复杂性，欧盟还提出要在成员国公营部门与私营机构合作伙伴关系的基础上，进一步通过网络安全能力中心网络加强欧盟的网络安全能力，建立欧洲网络安全研究和能力中心。

（6）建立强大的欧盟网络技能基础。有效应对网络安全挑战在很大程度上依赖于专业人员及其技能。欧盟委员会在该战略中指出，预计到2022年，欧洲私营部门专业网络安全技能人员的缺口将达350000人，因此应积极发展网络安全教育，定期培训网络工作人员，为所有通

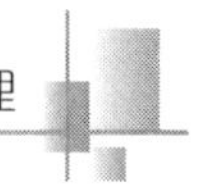

信技术专家提供额外的网络安全培训以及新的具体网络安全课程。

（7）推广网络安全防范意识。据该战略报告的数据显示，95% 的网络安全事故都是由有意或无意的人为错误造成的，因此，向每个人推广网络安全防范意识很有必要。公民应该养成良好的网络使用习惯，企业和组织必须采取适当的基于风险的网络安全方案，并定期更新完善，而欧盟和国家层面的公共行政部门应该在推动这些努力方面发挥更积极的领导作用。

2. 创建有效的欧盟网络威慑力

有效的网络威慑意味着要建立一个对潜在的网络犯罪分子和攻击者既可信又具有威慑力的措施框架。创建有效的欧盟网络威慑力需要进一步完善网络犯罪执法、追踪和起诉机制，同时，欧盟还需要支持其成员国发展具有双重用途的网络安全能力。

（1）识别恶意行为者。为了提高网络犯罪案件的破获率，欧盟必须采取措施提高查明网络攻击责任人的能力。为此该战略报告提出，要加强欧洲刑警组织的网络犯罪部门与网络专家的有效调查，提高欧盟打击网络犯罪的技术能力。同时，现行的将多个用户放在一个 IP 地址后面的做法，也给调查恶意网络行为在技术上增加了难度。鉴于此，欧盟将鼓励采用新的网络协议 IPv6，因为它允许为每个 IP 地址分配一个用户，从而为执法和网络安全调查带来显著的好处。

（2）加强执法回应。快速调查并严厉惩治网络犯罪行为是遏制网络犯罪的有效手段之一。正如《欧洲安全议程》中所提到的，欧盟也在通过开发欧盟内部信息交流电子平台、推动成员国间司法合作表格标准化等举措改善跨境获取刑事调查电子证据的现状，从而加强对跨境网络犯罪的打击力度。

（3）加强打击网络犯罪的公私合作。数字世界的特点对传统执法机制的有效性提出了挑战，因此，与私营部门、工业部门和民间社会的合作，是公共当局有效打击犯罪的基础。

（4）加强政治回应。在欧盟联合外交应对恶意网络活动框架中规定，欧盟及各成员国应在共同外交和安全政策上保持一致行动，包括可用于加强欧盟应对危害其政治、安全和经济利益的活动的限制性措施。该框架是欧盟和各成员国打击网络犯罪、提高应对网络安全问题反应能力的重要举措。

（5）增强成员国的网络安全防御能力和威慑力。鉴于网络防御和网络安全之间的界限日益模糊、网络工具和技术具有双重用途、各成员国的网络技术和网络防御能力差异较大等因素，欧盟应促进军用和民用网络技术协同作用，并且扶持网络技术落后的国家增强网络安全防御能力和网络威慑力，将网络防御纳入其“常设结构合作框架”。

3. 加强网络安全方面的国际合作

欧盟的国际网络安全政策应在遵循其核心价值观的基础上积极开展与其他国家及国际组织在网络犯罪打击、网络信息和技术共享等方面的合作，以促进欧盟乃至全球建设一个开放、自由和安全的网络空间，并增强欧洲在网络空间的战略自主性。

（1）对外关系中的网络安全。在网络安全领域的对外关系上，欧盟认为当前的网络安全威胁呈现全球性特点，因此需要各国合作、共同应对，而欧盟也希望与其他国家积极建立基于双边和多边关系的、旨在维护网络空间稳定和安全的战略联盟和伙伴关系。

（2）帮助其他国家进行网络安全能力建设。自 2013 年以来，欧盟在国际网络安全能力建设方面一直发挥着建设性作用，而为了进一步提高欧盟自身网络安全能力，同时支持第三国家尤其是邻国网络安全能力建设，欧盟委员会提出要建立一个专门的欧盟网络能力建设机构，并制定欧盟网络能力建设指南，以更好地帮助、支撑其他国家网络安全能力建设。

（3）加强与北约在网络安全领域的合作。该战略报告还指出，欧盟将与北约签署联合声明，深化欧盟和北约在网络安全、混合威胁和防御方面的合作。同时，欧盟和北约还将促进网络防御研究和创新合作，并在各自网络安全机构间逐步共享网络安全信息和技术。

（三）网络安全战略 3.0

2020 年 12 月 16 日，《欧盟数字十年网络安全战略》（The EU's Cybersecurity Strategy for the Digital Decade）正式发布，该战略聚焦投资、监管和政策措施领域，进一步提出了推动欧盟网络安全治理的新举措。

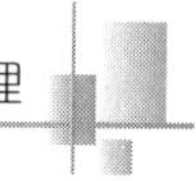

1. 复原力、技术主权和领导力

欧盟的关键基础设施和各项基本服务日益呈现数字化的特点。接下来的十年是欧盟在整个供应链中引领安全技术创新的机遇期和挑战期，确保网络安全的复原力和更强的工业和技术能力对于降低网络安全风险、降低企业和社会成本至关重要。

（1）增强关键基础设施和服务的复原力建设。欧盟关于网络和信息系统安全的规则是网络安全单一市场的核心。欧盟委员会建议运用经过修订的新独立国家指令改革规则来提高对经济和社会发挥重要作用的所有相关部门的网络复原力水平。例如，欧盟委员会建议设置“网络代码”，以此加强金融部门的数字运营弹性，确保抵御所有类型的信息通信技术干扰和威胁。

（2）构建欧洲网络防御体系。欧盟委员会提议在整个欧盟 27 国建立一个安保业务中心网络，并支持改进现有的中心和建立新的中心。此外，欧盟委员会还鼓励成员国共同投资该安保业务中心网络项目，以加强各成员国在网络安全情报共享、关联信号检测等方面的合作。通过持续的协调与合作，该网络将大大提高网络安全情报质量和网络威胁处置效率，它将成为欧盟牢固而可靠的网络安全屏障。

（3）建设超安全的通信基础设施。欧洲联盟政府卫星通信作为提供安全和具有成本效益的天基通信能力，对于确保欧盟及其成员国的安全至关重要。为此成员国承诺与欧盟委员会合作，为欧洲部署安全量子通信基础设施，并使用欧洲自研技术开发的超安全加密形式来防御网络攻击，这一举措将进一步保障欧盟数据资产和关键通信基础设施的安全。

（4）保障未来网络通信的发展。《欧盟数字十年网络安全战略》不仅对欧盟现有的网络通信发展进行了部署，更对未来欧盟的网络通信治理进行了谋划。欧盟委员会提出，欧盟 5G 及未来网络的发展必须有绝对高的网络安全标准作为支撑，鉴于此，欧盟委员会将与各成员国一道，在现有“欧盟 5G 工具箱”网络安全评估标准的基础上，构建工具更多元、标准更客观的“网络安全工具箱”，从而为欧盟 5G 及未来网络技术的发展提供保障。

（5）建设安全物联网。随着万物互联时代的来临，网络空间中各种安全隐患和安全漏洞不断暴露，网络领域中现有标准和规则亟须完善。为确保物联网产品和服务的安全性，欧盟委员会将通过联合滚动工作机制不断完善欧洲网络安全认证体系。此外，欧盟委员会还将在欧盟市场内部实行多项提升物联网产品和服务安全性的举措，包括要求连接设备制造商修复软件漏洞等。

（6）加强全球互联网安全。在确保自身网络安全事业不断进步的同时，欧盟也致力于推动全球互联网安全的发展。欧盟委员会在《欧盟数字十年网络安全战略》中就提出要与成员国、运营商等合作制定一项针对全球域名系统（DNS）根服务器受到攻击时的紧急预案，确保在DNS根系统受到打击的极端情况下全球互联网仍能正常访问。

（7）加强技术供应链。欧盟委员会计划在2021～2027年为网络安全数字化转型提供财政支持，并推动数字技术和网络安全成为整个数字供应链（包括数据和云、下一代处理器技术、超安全连接和6G网络）中的重点领域。除此之外，欧盟委员会还计划通过建立公私伙伴关系、支持中小企业技术能力风险投资等手段来刺激网络安全技术领域的私人投资。

（8）重视网络技术人才。人才是引领技术发展的第一生产力，在网络发展规划和治理方面，欧盟高度重视对网络技术人员的培养和培训，其通过打造一流的研发和创新环境持续吸引全世界的网络安全人才在欧洲发展。此外，欧盟委员会还通过修订数字教育行动计划，将女性、青少年及儿童也纳入未来通信科技人才培养的重要人群。

2. 建立具有威慑性的网络安全预防机制

任何形式的网络安全事件都会使国家安全和公民财产及人身安全受到威胁，因此，欧盟委员会提出要进一步加强欧盟层面及各成员国之间的信息协同共享，并建立系统、全面且具有威慑力的网络安全预防机制，同时加大对网络安全违法事件的处罚力度，以此来预防、遏制欧盟的网络犯罪。

（1）组建网络安全联合部队。《欧盟数字十年网络安全战略》指出，网络安全联合部队将是欧盟网络安全领域的“支撑性部门”，而组建网络安全联合部队则是完善欧洲网络安全危机管理框架的关键举措，因此，欧盟计划将分四个步骤组建网络安全联合部队，并将工作方向重

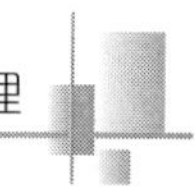

点聚焦在网络安全预警、信息共享和协同行动三个方面。

（2）持续打击网络犯罪。有效打击网络犯罪是确保网络安全的关键因素，而加强网络空间中各利益相关方之间的合作与交流则是确保有效打击网络犯罪的前提。在此方面，欧盟层面上，欧洲刑警组织和欧洲网络与信息安全局通过定期举行联合会议、举办讲习培训班、发布网络安全联合报告等方式已经建立起了紧密合作关系。除此之外，欧盟还将与互联网名称与数字地址分配机构（ICANN）加强合作，完善域名和注册数据库，防止域名滥用。而在网络犯罪打击范围方面，除了常规网络犯罪打击外，未来欧盟将在打击网络儿童性侵害和“暗网”犯罪上投入更多精力。

（3）加强欧盟网络外交工具箱的使用。欧盟一直在利用其网络外交工具箱来防止、威慑和应对恶意网络活动，例如，2020 年，欧盟委员会就曾两次以直接或间接对欧盟及成员国进行网络攻击为由共对 8 个个人和 4 个实体机构进行了制裁，而在《欧盟数字十年网络安全战略》中，欧盟委员会再次提出要运用联合外交行动来预防和打击网络安全违法活动。在欧盟内部，欧盟委员会提出要在欧盟情报中心（INTCEN）内设立包含各成员国的欧盟网络情报工作组，以通过外交手段和外交工具加强各成员国情报共享和行动协同的能力。而在欧盟之外，欧盟委员会将持续加强与北约等国际伙伴的合作，通过建立网络安全领域的合作机制，共同应对网络安全威胁。

（4）加强网络防御能力。为进一步提高欧盟预防和应对网络威胁的能力，欧盟委员会在《欧盟数字十年网络安全战略》中提出要通过军事认证网络（Military CERT – Network）等组织进一步加强欧盟层面共同安全与防务政策中各成员国间的合作与协同，而为确保伽利略卫星系统等欧盟空间关键基础设施的网络安全，欧盟将加强对空间项目网络安全状态的持续检测。此外，有效的网络防御能力也离不开技术作为保障，因此，欧盟委员会还提出要鼓励成员国加强人工智能、加密和量子计算等关键技术的开发，并在网络防务研究、创新和能力发展等方面深化合作。

3. 构建全球开放的网络空间环境

在网络环境建设方面，欧盟致力于构建一个以法治、人权、自由和

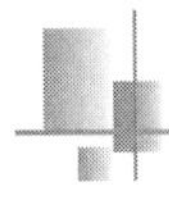

民主价值观为基础的网络空间，并与国际伙伴一起推动全球互联网安全生态的建设与发展。为此，欧盟将与第三国、国际组织以及各利益攸关方共同努力，不断完善现有国际网络政策，继续在制订和促进国际规范和标准方面发挥独特作用。

（1）加强欧盟在网络空间标准、规范和框架方面的领导作用。为了在国际层面推广和捍卫其网络空间愿景，欧盟将加强参与和领导国际标准化进程，并进一步强化其在国际和欧洲标准化机构以及其他标准发展组织中的作用。此外，欧盟将积极与国际伙伴合作，推动构建全球化、开放、稳定和安全的网络空间，以此在全球网络安全治理中体现“领导角色”。

（2）与合作伙伴和各利益攸关方加强展合作。在网络安全国际合作方面，除了加强国际对话交流外，欧盟还设想与其他国家和国际组织共同组建一个非正式的欧盟网络外交网，通过非正式外交的形式传递欧盟在网络安全领域的声音，并借此加强各国网络资源共享、网络信息互通。

（3）加强全球网络安全建设能力。欧盟在关注自身网络技术和能力发展的同时，也鼓励、支持其他国家网络安全能力的提升。《欧盟数字十年网络安全战略》提出，欧盟委员会将积极协助伙伴国家应对网络攻击威胁，继续支持伙伴国家提升网络复原力建设，并向西巴尔干地区、欧盟邻国及正在经历快速数字发展的伙伴国家提供重点支持和帮扶。

三、欧盟的网络安全治理极具特点

互联网安全治理是一个涉及组织机构、法律制度等多方面的系统性工程，与单一国家不同，欧盟作为一个网络治理走在世界前列的超国家行为体，其网络安全治理具有独特性和学习借鉴意义。

（一）治理架构层级化

随着互联网通信技术的不断发展和欧洲一体化进程的持续推进，欧盟在网络安全治理方面也日益凸显出明显的体系化、层级化特点。欧盟

层面和成员国层面相互协调配合，彼此分工明确，二者有机地作用和统一构成了欧盟独特而稳固的网络安全治理体系。

1. 欧盟层面

在欧盟层面，欧盟委员会、欧盟理事会和欧洲议会作为宏观战略和政策的制定者，负责评估、制定、监督执行并不断调整完善一系列网络安全政策和战略。而欧盟层面网络安全治理的具体执行工作则由众多组织共同完成，其中：欧洲网络与信息安全局负责调研、评估网络战略和政策的具体实施；欧洲刑警组织（Europol）负责防御、检测和打击网络犯罪；欧洲网络犯罪中心（SC3）负责黑客攻击和其他突发性安全事件的应急响应；欧盟计算机应急响应小组（EU－CERT）负责网络动态的实时监测；欧洲对外行动署（EEAS）则负责网络外交及军事安全事件的处置。

2. 成员国层面

在成员国层面，欧盟各成员国的电信、司法、国防等部门相互分工合作，共同在国家层面执行欧盟的一系列重要战略和政策。而本国网络安全法律法规的制定与实施，对本国网络犯罪的监测、打击和惩处则由成员国各自的国家网络应急响应小组、网络安全局、数据局等负责。需要说明的是，欧盟成员国的网络发展水平和网络安全治理能力参差不齐、相差悬殊，其中德国作为世界网络发展的先进国家，其网络安全战略制定和治理机构设置都走在欧盟甚至整个世界的前列，而像保加利亚、爱沙尼亚等网络化水平较低的国家至今仍没有专门的网络安全战略和治理机构。

（二）用欧盟价值观引领网络安全治理

无论是欧盟层面还是各成员国层面，其网络安全战略和治理实践都十分重视将欧盟的核心价值观引入其中。欧盟致力于将现实生活中所坚持的规范、原则和价值观推广至网络虚拟世界，用欧盟价值观引领企业和个人遵守网络规则规范、推动官方组织和机构改革并推动政策落地实施。例如，2013 年颁布的《欧盟网络安全战略》中首次提出欧盟的网络安全原则，其第一条便是“推动欧盟的价值观既适用于现实世界，也适用于网络世界”。

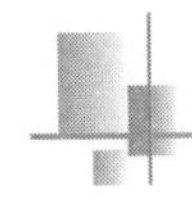

（三）注重网络安全国际合作

欧盟在强化自身网络安全防御和治理能力的同时，也积极致力于加强与国际组织和世界其他国家的合作，推动其自身和合作伙伴在网络情报与数据共享、网络安全技术研发等领域的进步。

1. 双边领域

在双边领域，美国是欧盟在网络安全执法、打击恐怖主义等方面的密切合作伙伴。双方多次举行网络安全联合演习，共同预防突发性网络安全事件。此外，欧盟还与美国共同发起成立了“欧美网络安全和网络犯罪工作组”，其主要职能是加强双方在网络安全治理领域的沟通与对话，加强双方民间组织和机构在网络安全领域的深度合作。除了美国之外，近些年来，欧盟也与中国、加拿大等国在网络安全治理领域加强了合作。

2. 多边领域

在多边领域，欧盟与北约合作密切，其先后在 2016 年 7 月 8 日和 2018 年 7 月 10 日两次发表联合声明，强调要持续推动欧盟—北约在网络防御互操作性要求等方面的合作。除此之外，欧盟在网络安全治理方面与国际电信联盟合作密切，其在推动国际电信联盟国际标准制定等方面行动积极。

第五节　欧盟各国之间网络战略的协同

网络安全治理和信息化管理是一个复杂的系统性工程，横跨行政、司法、技术、科研等多个公共政策领域。与单一国家不同，欧盟作为一个独特的超国家行为体，其网络安全治理体系也具有独特性。要管理好 20 多个成员国近 6 亿人的网络社区，需要欧盟从上到下各部门的支持。为了应对各种复杂多变的互联网安全威胁的挑战，需要欧盟层面加强统筹协调，成员国层面落实并进一步完善网络安全措施，还需要一系列利益相关者在公共和私营部门的积极参与以及每个欧盟网民的配合。

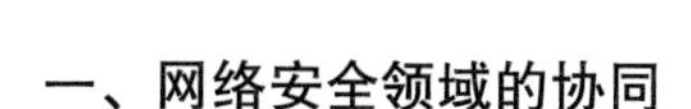

一、网络安全领域的协同

《欧盟网络安全战略》将网络安全问题分为网络事故、网络犯罪和网络战争三个方面，与此相对应的三个处理部门则是网络信息安全部门、执法部门和防务部门。此外，欧盟将网络安全的管理体系划分成了欧盟层面和成员国层面。欧盟层面的主要任务是：为各成员国在欧盟层面的合作提供良好的平台；向成员国提供专业咨询和帮助；促进欧盟和其他国际组织之间的合作；协调欧洲网络与信息安全局及欧盟计算机应急响应小组、欧洲刑警组织和欧洲防务局的行动；搜集和分析网络安全威胁相关信息，并及时向欧盟相关组织和各成员国提供分析结果。而各成员国则是维护网络安全的主要力量，其主要任务是：构建网络防御和网络执法的组织架构；制定并完善网络领域相关政策和法律框架；有效处置、应对各类网络攻击和突发事件；维护好与网络私人用户之间的关系，以便能够清楚地分配任务，优化反应行动。

二、数据共享方面的协同

一直以来，欧盟委员会都秉持“安全、开放、共享”的数据理念，致力于推动欧盟成员国之间以及欧盟与其他国家和国际组织之间的数据协同和共享。并且，欧盟已经在这些方面做出了大量实践。

（一）数据获取和使用的跨部门协同

横向数据的高效获取与使用是经济社会持续发展的必要前提之一，为避免各部门以及成员国之间因数据流动不畅而造成内部市场分化，欧盟将着手建立一个赋能型立法框架，以决定数据的使用场景、促进跨界数据使用，并制定部门内和各部门之间数据流动和跨部门协同的具体要求和标准。

（二）战略部门和公共利益领域在数据公共空间中的协同

数据空间需要借助数据使用和丰富数据服务需求的政策工具才能

发挥作用，为此，数据空间方面的工作需要数据价值链各部门相互协调配合。此外，欧盟委员会还计划建立包括欧洲金融数据公共空间、欧洲绿色交易数据公共空间等在内的9个欧洲数据公共空间，以更好地支持欧盟公共空间数据在战略部门和公共利益领域有序自由流动。

（三）新冠肺炎数据共享平台

欧盟在数据共享方面的努力也运用在了对新冠肺炎疫情的应对上。2020年4月，为快速搜集信息、更好应对疫情，欧盟委员会宣布启动“欧洲新冠肺炎数据共享平台”。该平台由欧盟委员会、欧洲分子生物学实验室欧洲生物信息学研究所（EMBL－EBI）、欧洲生命科学大数据联盟（Elixir）基础设施和康普瑞（COMPARE）项目及欧盟成员国共同运营维护。此外，欧盟及其成员国还联合启动了“欧洲研究区域应对新冠病毒（ERAvsCorona）行动计划”，以加强欧盟与成员国之间数据、信息和资金的协调，进一步提升应对新冠肺炎疫情的能力。

第六节　法国的迷你网最终退出历史舞台

法国的迷你网（Minitel）是由法国政府建立的一个封闭的、以电话为基础的国家通信局域网络，它被公认为是当今互联网的雏形。1982年，法国一马当先，领先美国10年实现了互联网的全民商业应用，率先进入“数字时代”。然而，由于法国迷你网的封闭性、局域性等特点，其最终于2012年6月30日退出了历史的舞台。

一、迷你网兴起于国家领先的战略需要

20世纪70年代末，第二次石油危机席卷西方工业国家，为寻求出路，各国都在大力发展通信行业。当时整个法国仅有不到700万条电话线用来服务4700万法国公民，因此法国是主要工业国家中电话网络状况最差的国家之一。为此，法国的精英阶层认为，美国企业在电话设

备、计算机、数据库和信息网络领域的快速崛起已经威胁到了法国在这些领域的领先地位。于是，为了赶英超美，1978 年，政府研究人员西蒙·诺拉（Simon Nora）和阿兰·孟克（Alain Minc）就电信业的问题向时任法国总统提交了一份有影响力的报告——《电脑化社会》（The Computerization of Society），为法国电信业开出了药方（将电信和信息学相结合，使电话网络“远程信息处理”数字化），并提出了计划纲要。法国政府采纳了这个设想，并部署了“法国社会信息化工程”（L'informatisation de la sociét）。自此，由邮政、电报和电话部门三方联合，调集计算机工程师开始了名为“迷你网”的远程信息处理系统的开发工作。

二、迷你网功能多样

迷你网是一种以小巧的微电脑荧光屏为载体的局域网络，其主要功能有网购、预订火车票、查看股票价格、聊天等。它的出现为法国用户提供了一些基础的网上冲浪体验。它是法国 20 世纪 80 年代信息事业高速发展的特有产物之一，是法国信息网络化的典型体现。迷你网的主要功能和应用涵盖以下几种。

（一）电子电话簿

电子电话簿是迷你网最基本的功能，用户通过迷你网内标配的“电子电话簿”或输入那些曾在媒体上出现过的短助记符代码，就能进行搜索和免费浏览。它通过人机对话的方式取代了传统电话簿。用户像拨电话一样拿起听筒，按动启动开关，再在键盘上键入数码就能查询电话号码。

（二）查找气象信息

迷你网的功能之二是查找气象信息。用户在接通机体后键入气象服务台的编码即可进入气象服务台，然后键入用户所需地区或城市的名称及日期，便可得到该地区或城市详细的天气预报信息。

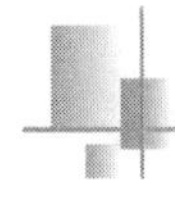

（三）查找列车及飞机时刻表

迷你网的功能之三是查找列车及飞机时刻表。用户不必去火车站或航空服务处，只需在自家拨一个铁路或航空服务台号码，然后键入自己所需的日期及时刻，即可得到满意的答复。

（四）微机检索终端

除此之外，迷你网还具备微机检索终端的功能。用户只需在迷你网终端中输入数据库服务者提供的数字指令，就可以查询到法国乃至整个欧洲的所有数据库。

（五）通信工具

迷你网还可以作为各种电视台或电台的通信工具来使用，如办理电视台经常举办的各种娱乐活动的报名手续：用户通过电视获得相关地址及编码信息，即可足不出户地参加自己喜欢的各种电视游戏活动。

在以上几种功能中，只有电子电话簿是完全免费的，其余功能均会根据用户的使用时长来收取费用。

三、迷你网一度盛行于法国社会

20 世纪 70 年代，当互联网还在美国市场上孕育时，法国人就率先建立起了名为迷你网的国家网络，并将其首先应用于铁路系统，随后于 1982 年在布列塔尼省试点，进而推广到了全国。迷你网凭借方便、实用、低成本等特点，一度成为法国社会时尚的代名词，20 世纪 90 年代中期更是发展到了巅峰状态。当时迷你网的终端设备在法国全国的安装量达到 900 万台，用户达 2500 万人（超半数的法国人），提供的服务超过 2. 6 万项，带来的年收入额更是高达 10 亿美元。甚至连当时的法国总统希拉克也不禁感叹：“法国北部城镇奥贝维利埃的面包师都十分清楚如何通过迷你网查询他的账户，这种事情能在纽约的面包师身上发生吗?”由此可见，迷你网当时在法国十分流行。

四、迷你网退出历史舞台

迷你网的火爆终究只停留在法国而没有扩散到全世界。由于迷你网具有封闭性强、价格高、成本高等弊端，且其运行一直靠政府资金支持，因此在坚守残缺的阵地30多年后，法国电信最终于2012年6月30日正式关闭了迷你网。至此，迷你网退出了历史的舞台。

迷你网失败有两个方面的原因。第一个方面的原因如法国互联网之父路易斯·普赞所指出的那样，法国互联网的发展相对很慢，因为法国人掌握新鲜事物的速度总是很慢，并且这个启蒙也太晚了。确实，法国网信在互联网新技术的整个生态的创新上没有跟上时代的步伐。迷你网在电脑时代还可以勉强支撑，而进入智能手机普及后的移动互联网时代，其彻底失去了竞争优势，最终被时代淘汰。

第二个方面（更重要）的原因是迷你网自身存在的局域性和封闭性弊端。正如迷你网的设计师让·路易·格朗日反思的那样，迷你网是以法国为主的欧洲国家动用全社会之力而创造的产物，而互联网却是由全世界的科研者合作研究的成果，而非垄断性、开放性也成为互联网较之迷你网最大的特点和优势。穿越时空的隧道我们便不难看出，尽管迷你网终端由政府免费发放，但因迷你网的技术具有封闭性，日益昂贵的使用费成为每个法国用户难以承受之重，因此，用900万台迷你网终端设备筑起的“马奇诺防线”也最终限制了法国原本领先于世界的通信事业的发展。

第七章

英国是全球制度供应商

英国是全球领先的数字化国家，其对自身的数字创新历史引以为傲。从计算机早期的发展到万维网，从被广泛公认的第一位计算机程序员阿达·洛芙莱斯（Ada Lovelace）到人工智能革命的先驱者，英国在数字创新领域一直走在世界前列。英国政府极其重视数据给英国的未来发展带来的重大机会。尤其是在脱欧之后，英国重新思考了其在数字化方面的国际定位，以及如何影响全球数据共享和使用的方法，以期实现其全球数字领导者的目标。早在 2017 年，英国政府就发布了《工业战略》（Industrial Strategy），望跻身人工智能和数字经济的最前沿，引领全球数字变革，发展最具创新性的经济，并且希望其他国家借鉴其制度建设及机构设置的经验。

第一节　重视战略引领，为“数字英国”护航

自 2008 年金融危机以来，全球经济遭受冲击，发达经济体面临经济增长乏力的困境。而英国脱离欧盟带来了一系列善后问题，其之前所享受的单一化市场的好处不复存在。更重要的是，超数字世界带来了全球的数字革新，美国、中国等国家在全球数字经济舞台上大放异彩，让英国政府认识到必须重新规划本国的数字发展战略，以期实现英国的长

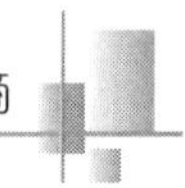

期成功。2017 年，《英国数字战略》（UK Digital Strategy）发布，该战略从七个方面阐述了英国如何发展适合所有人的世界领先级数字经济。2020 年，英国数字、文化、媒体和体育部（DCMS）发布《国家数据战略》（National Data Strategy，NDS），旨在进一步推动数据在政府、企业、社会中的使用。《国家数据战略》是一项雄心勃勃的促进增长的战略，其旨在推动英国建设世界领先的数据经济的同时，确保公众对数据使用的信任。

一、加强基础设施建设，保障持续数字化

数字基础设施必须能够支持互联网流量的快速增长，提供足够的覆盖范围，以确保满足现代生活中数据流动所需的容量、速度和可靠性。从固定线路宽带到手机、无线和卫星连接，连接性的改进能够提高整个经济的创新生产力，使每一个人都能受益于数字经济。数据基础设施是一国的重要资产，通过战略筹划可以确保数据的及时和有效。数字连接对社区、商业和基本公共服务至关重要。目前，英国光纤部署的覆盖率为 12%，超过 96% 的英国营业场所接入了超高速宽带，网速至少为 24Mbps。然而，距离英国在全国范围内实现千兆位覆盖还有很大距离。2016 年《获取基础设施条例》（Access to Infrastructure Regulations）发布，用以确保数字通信提供商能够以更公平合理的条件访问其他提供商在多个部门的物理基础设施，通过利用被动基础设施来部署千兆位网络以节约成本，但是到目前为止，此项条例在英国并未得到广泛的应用。英国在 2020 年的《国家数据战略》中提出了确保基础设施建设的安全性和弹性（韧性），以保障数据及相应基础设施在面对既定的、新的风险时具有弹性，保护经济增长。数据的使用是现代生活的核心部分，因此必须确保支撑数据的基础设施是安全可靠的。数据基础设施是一项重要的国家资产，数据驱动中断会导致企业、组织的相关活动和公共服务等中断。政府必须保持公开、透明，并开放自身使用数据的审查，各类组织也有责任提高自身技能，以便能够有效管理和使用数据，并将数据作为战略性资产，支持持续的数字化。

二、培养全民数据技能，填补专业人才空缺

现代生活日益线上化，每个人都必须具备参与社会所需的数字技能。此外，在整个经济中，对数据技能的需求持续增长，包括编程、数据可视化、分析、数据库管理以及核心技能（如问题解决、项目管理和沟通）等方面。2014 年，英国成为世界上第一个在中小学为儿童讲授编码课程的国家，这意味着小学的儿童将学习雇主所需要的知识和技能。从网络到建筑等经济部门对数据和机器学习的高级应用需求呈现出指数级增长的特点，而英国全国的数据技术人员却很有限，几乎一半的英国企业都面临着网络技能缺口。首先，英国政府要确保国家在数据技能领域的领导地位。一些国家机构，如艾伦·图灵研究所（Alan Turing Institute）、数据伦理和创新中心（Centre for Data Ethics and Innovation）和开放数据研究所（Open Data Institute）等积极履行各自的职能，以改进行业、公共部门和研究所之间的良态合作。其次，为了使每个人都具有一定的数据素养，英国政府将通过高技术教育改革培育符合雇主需求的学生，推广高质量课程。此外，英国要将人工智能、网络和数字技能整合到其他的学科领域，各大学在自愿的基础上参加试点。

三、释放数据潜力为社会服务

数据具有增强社会能力的巨大潜力，其能提供超出经济范围的利益。通过数据技术可以了解不同群体的行为，以创造一个更具包容性和公平性的社会。人工智能正在越来越多地用于推动在线内容自动审核，尤其是在社交媒体环境中，其有助于处理不当信息。数据驱动的在线分析技术有助于识别潜在的易受攻击的网络用户（如赌瘾者），并通过定位阻止他们看到潜在的有害内容。慈善机构和其他非营利组织（特别是较小的组织）很少能够访问足够大的数据集，数据共享可以显著降低其运营成本，使其能够将资源集中在保护社会最脆弱的部分的工作上。新冠隔离患者名单的推出表明，通过中央和地方政府以及私营部门的适当数据共享可以取得很好的工作成效。对于中央政府来说，数据使用的改

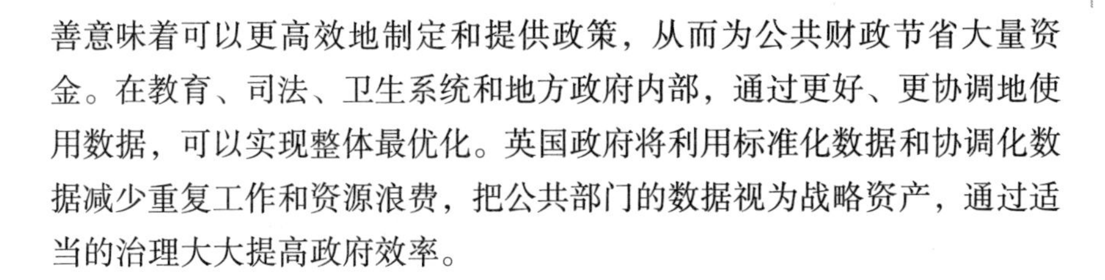

善意味着可以更高效地制定和提供政策，从而为公共财政节省大量资金。在教育、司法、卫生系统和地方政府内部，通过更好、更协调地使用数据，可以实现整体最优化。英国政府将利用标准化数据和协调化数据减少重复工作和资源浪费，把公共部门的数据视为战略资产，通过适当的治理大大提高政府效率。

四、国际互联互通以解决多样化问题

英国将支持各国对数据采取更加开放的态度，并将继续在国际开放数据议程上发挥领导作用；作为官方发展援助的一部分，英国通过使用大数据和建模分析的方法，增强其他国家对极端天气和疾病暴发的抵御能力；全力支持执行国际援助透明度倡议、开放数据标准、采掘业透明度倡议和基础设施透明度倡议等标准；与红十字会等国际机构和联合国相关机构合作，确保安全、合法地处理数据。

跨境数据流动的不合理障碍，如要求使用当地计算设施作为在该国开展业务的条件的措施，可能会成为创新、市场准入和贸易的阻碍。英国鼓励消除这些壁垒，释放全球数字贸易的增长潜力。例如，寻求与贸易伙伴（包括目前与欧盟、美国、日本、澳大利亚和新西兰的谈判）达成一些共识，消除跨境数据流动不必要的障碍，并做出具体承诺，防止使用不合理的数据本地化措施。数据的重要性使之成为一项地缘战略工具。英国政府在支持国际数据流动的同时，也将确保来自英国的个人数据传输符合数据保护标准，建立问责制，对数据的传输进行充分性评估。

《英国—欧盟贸易与合作协定》中的数字贸易条款能够促进数字服务贸易，促进新的货物和服务贸易形式的产生。该协定还能确保英国和欧盟今后在数字贸易问题上进行合作，包括新兴技术领域。这是英国和欧盟首次在自由贸易协定中就数据条款达成一致。该条款要求禁止在某一固定地点存储或处理数据，这样有助于数据的跨境流动。这防止了对英国企业施加可能带来高成本的要求。该协定确认了英国和欧盟在数据保护方面做出的强烈承诺，保护了消费者，并有助于人们对数字经济的信任。同时该协定保证，英国和欧盟都不会以数字形式歧视电

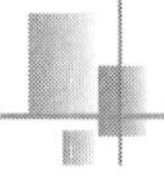

子签名或电子文件。该协定还确保合同可以以数字方式完成（除少数例外情况）。

第二节　构筑网信技术性基础设施

随着技术革命和产业变革的深入推进，基础设施的内涵与外延也得以扩展延伸。首先是信息基础设施。其主要是指基于新一代信息技术演化生成的基础设施，如以 5G、物联网、工业互联网、卫星互联网为代表的通信网络基础设施，以人工智能、云计算、区块链等为代表的新技术基础设施，以数据中心、智能计算中心为代表的算力基础设施等。其次是融合基础设施。其主要是深度应用互联网、大数据、人工智能等技术，支撑传统基础设施转型升级而形成，如智能交通基础设施、智慧能源基础设施等。最后是创新基础设施。其主要是指支撑科学研究、技术开发、产品研制的具有公益属性的基础设施，如重大科技基础设施、科教基础设施、产业技术创新基础设施等。

一、英国国家信息基础设施第二次迭代

数据基础设施（data infrastructure）意味着数字化时代，数据就像道路、桥梁一样是社会发展和商业发展必不可少的基础。在数据基础设施的建设上，英国政府启动了国家信息基础设施计划（NII），该计划将会确定纵向（垂直行业）和横向的关键数据，提供一套原则框架，使得数据能够共享或开放，支撑各类社会发展和商业发展活动。

在 2013 年 6 月《莎士比亚评论》的政府回应中，政府提出了创建国家信息基础设施的目标。从那时起，英国一直在开发一个协作流程来识别重要数据。这包括确定和维持政府持有的数据清单：优先考虑将纳入国家信息数据库的数据，并支持组织发布数据。国家信息数据库将包含政府持有的数据，并尽可能地在政府之外提供和获取数据，以产生最广泛和最重要的经济和社会影响。2015 年国家信息基础设施第一次迭代，推动了整个政府更加开放和透明，并在确保政府数据的起源、可访

问性和可持续性方面迈出了重要的一步。但是，维护其相关性需要各部门协作采取进一步行动。2015 年，开放数据用户小组（Open Data User Group，ODUG）发布了《国家信息基础设施：为什么，是什么，怎么做》的政策报告。该报告指出，国家信息基础设施应当针对垂直行业，确定该行业的核心参考数据（core reference data）、主题数据（subject data）、预测数据（mantic data）。目前，英国政府的 NII 计划完成了第二次迭代实施，确定了安全、用户为中心、完善管理、可靠、良好维护、灵活的六大原则，用以推动数据的确定和释放。同时其也对各不同行业的主题进行了梳理，并探讨了如何界定这些基础数据的开放性。从最大化释放 NII 价值的角度来说，除了部分涉及隐私和秘密的数据之外，整个 NII 都会以开放数据的形式提供给社会，并同时吸纳社会数据，进行多元数据的整合利用。

二、全面铺就超快宽带网络

英国的宽带和移动用户数量在经合组织中排名第五。英国的网购人数比任何欧盟国家都多。英国政府提出不抛弃任何社区及商业办公场所，希望在英国提供高质量、可靠的数字基础设施，使移动电话不会掉线、视频电话不卡顿、在家办公的人们可以轻松地工作。千兆宽带（如全光纤）可以提供超过 1000Mbps（兆比特每秒）的速度，比标准超高速宽带快 40 倍以上，足以在几秒钟内下载一部高清电影，这样的速度为整个英国的消费者和企业提供了新的机遇，并使得 5G 技术的运用成为可能。

通过建设数字英国（BDUK）计划，数字、文化、媒体和体育部（DCMS）正在向全国提供宽带网络。现在，英国大多数地区都可以使用快速、可靠的宽带，政府有一系列帮助家庭和企业提升网络体验的计划。2020 年，英国政府提出了 50 亿欧元战略，为全国提供下一代、支持千兆位的宽带。由于政府的投资，50 万处办公场所现在能够接入千兆位连接（即超过 1/3 的英国办公场所，高于 2019 年 7 月政府上台时候的 9%）。英国未来的目标是到 2025 年实现 1500 万处与全光纤相连的场所，到 2033 年，全光纤覆盖全国所有地区。英国政府已经确保了超高速宽带（速度为24Mbps或更多）覆盖超过96%的场所。超快宽带计划将持续到2026年。英国2020年发布的《审查基础设施准入条例》中提出，英国政府致力于让千兆位网络实现全国覆盖，以便提高全英国消费者和企业的宽带速度、恢复能力和可靠性。英国将持续探索如何进一步降低部署成本并清除发展障碍，包括改善对英国被动基础设施（如管道、机柜、电线杆和桅杆网络）的访问、共享其他电信和公用事业的现有基础设施等，这样可以提高固定和移动网络的速度，同时大幅降低成本。

英国2020年支出审查（SR20）报告中提出，2021～2025年为支持在英国推广具有千兆位功能的宽带提供12亿英镑，这对于数字化时代英国经济的发展至关重要。这是政府50亿英镑承诺的一部分，其目标包括在英国最难到达的地区推出支持千兆位的宽带。

2021年2月2日，一份新的报告表明，英国政府向“商业上不可行”的地区推出的26亿英镑超高速宽带计划，引发了高达3500英镑的房价飙升，使得家庭价值跃升3500英镑，同时这项计划产生了27亿欧元的经济效益，带来了家庭价值、经济效益的激增，并创造了很多就业岗位。

三、继续提升4G覆盖范围

数字基础设施对英国农村地区尤为重要。更为良好的连通性可以帮助农村企业创新、成长并创造就业机会，从而帮助农村地区吸引和留住年轻人，支撑农村的繁荣。通过对农村地区的投资能够提升整个国家的发展水平。英国2020年《国家基础设施战略》中提出，农村社区尤其依赖强大的基础设施网络来支持其地方经济，英国政府的长期目标是让农村地区的人民和企业能够轻松获得和释放机会。

共享农村网络（SRN）是英国移动计划的一部分，政府将与通信商共同投资超过10亿英镑，到2025年底将全英国4G移动覆盖率提高至95%。在2026年评估后，每个运营商的具有法律约束力的覆盖承诺至少达到90%。

英国的千兆宽带覆盖落后于许多竞争对手国家，所以增加公共和私人投资对英国来说意义重大。移动网络运营商的5.32亿欧元投资得到

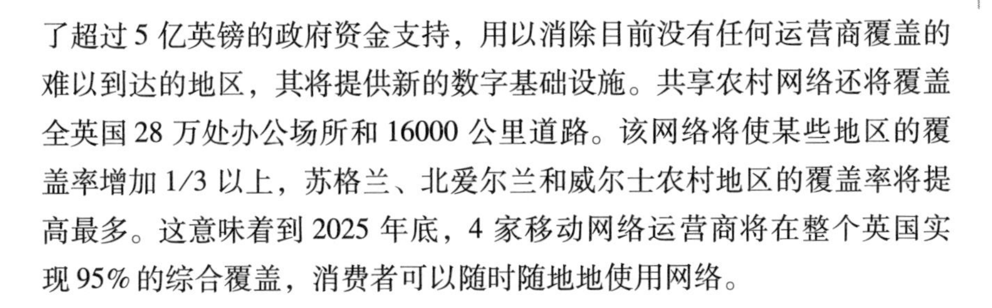

了超过 5 亿英镑的政府资金支持，用以消除目前没有任何运营商覆盖的难以到达的地区，其将提供新的数字基础设施。共享农村网络还将覆盖全英国 28 万处办公场所和 16000 公里道路。该网络将使某些地区的覆盖率增加 1/3 以上，苏格兰、北爱尔兰和威尔士农村地区的覆盖率将提高最多。这意味着到 2025 年底，4 家移动网络运营商将在整个英国实现 95% 的综合覆盖，消费者可以随时随地地使用网络。

四、加紧本国 5G 建设

英国计划到 2027 年，大多数人口实现 5G 覆盖。在 2016 年的秋季声明中，政府宣布打算投资一项全国协调的 5G 测试台设施和试验计划。2018 年 3 月，5G 试验台设施和试验竞赛项目的初始组合揭晓。这些项目由中小型企业（SMEs）、大学和地方当局领导，代表了英国最好的创新、资源和专业知识水平，并将测试 5G 的一系列应用。2020 年“5G create”竞赛揭幕，这是 5G 测试台设施和试验计划内公开的竞争。政府将投资 3000 万英镑，旨在探索和开发适用于 5G 应用和服务的新用例和可持续业务模式。同时，英国在 2027 年前把华为设备在 5G 及光纤宽频网络中移除。虽然排除华为会推迟英国的 5G 建设，但是英国政府认为此举维护了英国电信网络的长期安全。英国政府将继续开展 5G 试点项目，支持农村、城市和工业的示范项目，以确保整个英联邦能感受到 5G 带来的巨大好处。

英国 2020 年支出审查报告中提出，2021 年英国政府会拨出 5000 万英镑，作为 2.5 亿英镑承诺的一部分，建设一个安全和有弹性的 5G 网络。英国还将实施超过 2 亿英镑的数字基础设施计划。

五、促进人工智能研究与转化

人工智能是英国国家数据战略的一部分。人工智能作为处理和理解大量数据的工具支撑着英国未来的繁荣。2020 年，英国与澳大利亚、加拿大、法国、德国、印度、意大利、日本、墨西哥、新西兰、韩国、新加坡、斯洛文尼亚、美国、欧盟等建立了全球人工智能伙伴关系

（GPAI），通过汇集来自行业、民间社会、政府和学术界的领先专家，促进负责任的人工智能、数据治理、创新和商业化的发展。短期内，其目标还包括利用人工智能更好地从新冠肺炎疫情中恢复过来。2021年，英国公布《人工智能路线图》，为国家发展人工智能提出了16条建议。英国政府近年来采取了前所未有的措施，将英国定位为数据驱动创新领域的世界领导者。其中包括承诺到2027年将研发投资提高2.4%，建立了数据伦理与创新中心（CDEI）等机构，开设了全新的数据科学和人工智能转化课程。

六、建设世界上最开放的研究国家

近年来，英国政府以有记录以来的最快速度增加了研发资金，并明确表示希望使英国成为世界上最开放的研究国家。为了扩大科学家、研究人员和创新者获得签证的机会，政府正在引入一种新的基于积分的系统，并建立了全球人才之路。其还设立了一个人才办公室，以采取新的和积极主动的方式吸引和留住最有前途的全球人才。SR20提出了政府的计划，通过在2021~2022年投资近150亿英镑进行研发，巩固英国全球科学和创新领导者的地位。这些投资将使英国的研究人员和企业继续推进知识前沿，推动创新和技术变革，并支持其与国际合作伙伴合作应对全球挑战。

第三节　网信制度性基础设施

英国是老牌的资本主义国家，也是最早开始发展互联网的国家之一，其在互联网和计算机技术的发展领域长期居于世界前列。长时间以来，英国始终保持着强大的工业基础和雄厚的经济实力，虽然其综合国力远不及“日不落”帝国时期，但其仍拥有重要的国际影响力。英国政府擅长把握局势，有很强的政治敏感度，尤其是能够敏锐地感知网络化、信息化的时代前进方向，从而加快推进网络安全与信息化领域的融合发展，并以此确保英国在全球网络空间领域的优势地位。

一、成立职能机构，统筹网信业务

英国政府建立了信息保障联盟，其核心是政府通信总部（GCHQ）所属的通信与电子安全组（CESG），其他主要成员包括内阁办公室、国家基础设施保护中心、信息委员会办公室（ICO，英国数据保护立法的独立监督机构）、国防部信息保障产品目录管理部门、网络安全与信息保障办公室（OCSIA）、政府采购服务（GPS）部门等。该联盟不仅负责协调相关部门的日常工作，还代表英国政府参与相关国际联盟（如欧洲安全与合作组织）的日常活动。英国政府通信总部与工业界和学术界建立了伙伴关系，从而可以使用来自国家基础设施保护中心、军情五处（MI5）和军情六处（MI6）等单位对安全威胁的研判成果。这样不仅可以为政府新建与现有 IT 系统安全风险防范体系提供有较强针对性的解决路径，还可以与工业界合作建立标准和指南，确保政府部门使用放心的产品、服务和人员，建立起世界级的信息保障体系以及网络安全专业人员库，使政府部门通过学习增强自身的风险防范能力。

二、脱欧后制定本国互联网信息法规，延续重视安全和保护传统

2020 年《英国—欧盟贸易与合作协定》规定英国收回对法律的控制，欧盟法律不承担任何角色，欧洲法院没有管辖权。英国唯一必须遵守的法律是英国议会制定的法律。其中关于电信监管的规定锁定了英国和欧盟市场现有的自由化水平，确认了双方在这一领域的领导地位和英国对开放的承诺。该协定包括关于授权、电信网络接入和使用、互连、公平和透明的监管以及稀缺资源分配的标准规定。其授权条款是所有自由贸易协定中最自由化的授权制度。它确保任何一方的企业在开始提供服务之前都不必等待授权，从而使英国的运营商能够进入欧盟电信市场，这在自由贸易协定中是史无前例的。该协定含有鼓励合作以促进国际移动漫游费率的公平和透明的措施。它还涵盖了关于网络中立性的义务以及英国对开放互联网的承诺和保护在线用户安全的双重目标。英国还确定了过渡时期的数据保护政策，为中小企业、大型企业

提供指南。

英国脱欧以后制定了自己的数据保护法。英国税务海关总署是一个法定机构，具有法定保密义务，负责保护英国的个人信息隐私与安全，其根据数据保护法收集和使用个人信息，包括英国一般数据保护法规（GDPR）和2018年《数据保护法》（DPA）。其中，英国GPDR由DPA 2018量身定制。欧盟GDPR已经纳入了英国GDPR，其中的核心数据保护原则、权利和义务几乎没有变化。英国目前正在就许多其他关键主题制定指导或法定业务守则，包括营销、政治竞选、数据共享、新闻、国家安全和各种技术等。英国的数据保护指南（Guide to Data Protection）仅与情报部门（军情五处、军情六处和GCHQ）或代表其行事的处理器相关。目前，英国正在制定适用于这些情报部门的单独数据保护制度。它将涵盖2018年《数据保护法》第四部分的规定。

专栏7－1　英国颁布《适龄年龄守则》（Age Appropriate Design Code）

2020年，英国根据2018年《数据保护法》制定了《适龄年龄守则》，以保护儿童隐私。该守则于2020年9月12日生效，过渡期为12个月，企业应在2021年9月2日之前遵守。该守则解释了将GPDR试用于使用数字服务的儿童的相关事宜。尽管数字经济可以为儿童带来种种好处，但目前并没有为他们创造一个安全的空间来学习、探索和玩耍。英国互联网用户中有1/5是儿童，但他们使用的互联网不是为儿童设计的。通过调查发现，孩子们将数据实践描述为“无礼”、“粗鲁”和“有点怪异”。从儿童打开应用程序、加载网页或玩游戏的那一刻起，数据就开始被收集。英国的《数据保护法》将确保真正改变网上照顾儿童的方式。默认情况下，设置必须是“高度隐私”（除非有令人信服的理由不设置）状态；只应收集和保留最低数量的个人数据；儿童数据通常不应共享；应默认关闭地理定位服务。不应使用轻推技术来鼓励儿童提供不必要的个人数据、削弱或关闭其隐私设置。该守则还涉及家长控制和分析问题。

该守则植根于《联合国儿童权利公约》，该公约承认儿童在其生活

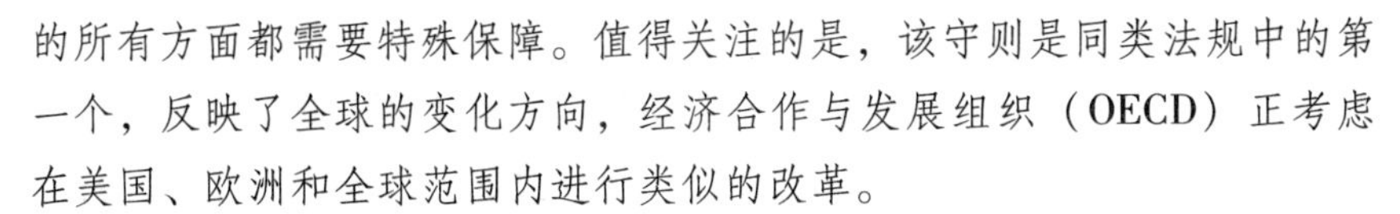

的所有方面都需要特殊保障。值得关注的是，该守则是同类法规中的第一个，反映了全球的变化方向，经济合作与发展组织（OECD）正考虑在美国、欧洲和全球范围内进行类似的改革。

资料来源：作者根据相关官方资料整理而得。

三、疫情冲击下保障网信基础设施的连接性和弹性

2020年，英国颁布《国家基础设施战略》，致力于大规模投资。英国有一半基础设施支出是私人的，尤其是在电信领域。因为私人投资具有很大的不确定性，所以英国为关键的基础设施项目设定了较长期的解决方法，在宽带方面的投资达到创纪录的水平：50亿英镑用于支持全英国范围内的千兆宽带铺设；2.5亿美元用于建设确保弹性和安全的5G网络。

快速、可靠的数字连接可以为整个英国带来经济、社会和福祉方面的好处。当数字基础设施使在家工作、在家学习、在特殊情况下保持家人之间的联系成为可能的时候，国家可以有效应对新冠的影响。在2019年新冠肺炎疫情期间，运营商正确地把重点放在了网络复原力上，而此时正是对良好连通性的空前需求时期，政府已经采取了措施。政府将继续投资数字基础设施建设，到2022年，英国基础设施投资将达到270亿英镑。新冠肺炎疫情对英国造成了极大的威胁，英国会不惜一切代价确保经济尽快复苏。政府增加了超过30亿英镑的预算用于保证城市的正常运转，其中部分用于保持网络的连接性。

四、制定网络安全标准并纳入政府职能

英国政府2018年发布了《最低网络安全标准》，这是第一个网络安全技术标准，规定了政府各部门在保护信息、技术和数字服务方面应实施的最低安全措施，以履行安全框架政策（适用于政府为提供服务和开展业务处理的所有信息，包括从外部合作伙伴处接收或交换的信息）和国家网络安全战略的义务。这项标准提出：各部门应建立适当的网络安全治理秩序；识别和编目其持有的敏感信息；识别和编目其提供的主要

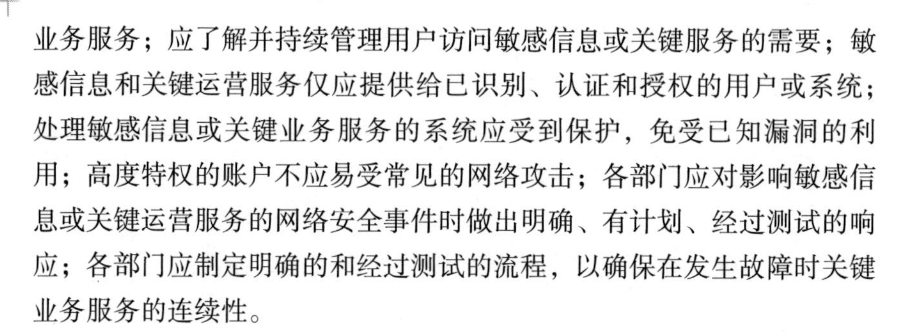

业务服务；应了解并持续管理用户访问敏感信息或关键服务的需要；敏感信息和关键运营服务仅应提供给已识别、认证和授权的用户或系统；处理敏感信息或关键业务服务的系统应受到保护，免受已知漏洞的利用；高度特权的账户不应易受常见的网络攻击；各部门应对影响敏感信息或关键运营服务的网络安全事件时做出明确、有计划、经过测试的响应；各部门应制定明确的和经过测试的流程，以确保在发生故障时关键业务服务的连续性。

五、推进网信军民融合发展

2011 年，英国政府发布新版《国家网络安全战略》，以英国能更灵活地应对网络攻击为目标，明确提出提升网络安全水平的行动方案，包括帮助政府与私营行业建立伙伴关系以发展网络安全知识、技能和能力，以及加强政府与工商业界的合作以提高网络产品和服务的安全性等。该战略成为军民融合推动网络安全的行动指导。2016 年，英国政府发布《国家网络安全战略（2016 ~ 2021）》，提出争取到 2021 年“打造一个繁荣、可靠、安全和具有弹性的网络空间，确保英国全球网络空间优势地位”的愿景，其行动内容包括：自治政府、政府部门、企业、机构和民众等全面开展合作，有效维护英国网络安全。2017 年，英国国防部发布《科学与技术战略 2017》，明确国防部将与政府内部其他部门、工业界、学术界、盟友展开合作，采用协作性的方式展开国防部的核心技术研究，以维持科学与技术创新能力。

英国政府通过一系列极具特色的帮扶项目，给予了网络安全初创企业有力支撑。这些项目联结了政、军、学以及地方企业，促进了英国网信军民融合向纵深发展。具备发展前景的优良项目对网信军民融合产生了不可忽视的助推作用。第一，要完善扶持项目的相关政策。鼓励开展多种形式、较有针对性的特色扶持项目，加强公众参与，为国内网络安全与信息化领域初创企业创造优良的营商环境。第二，要加强特色项目的统筹安排。切实推进网信军民融合的计划与项目协调配套。计划环节要统一筹划，实施环节则统筹安排，在实践过程中统筹兼顾。要优化项目对接，确保项目实施。军工集团在做好自身发展规划与区域发展规划

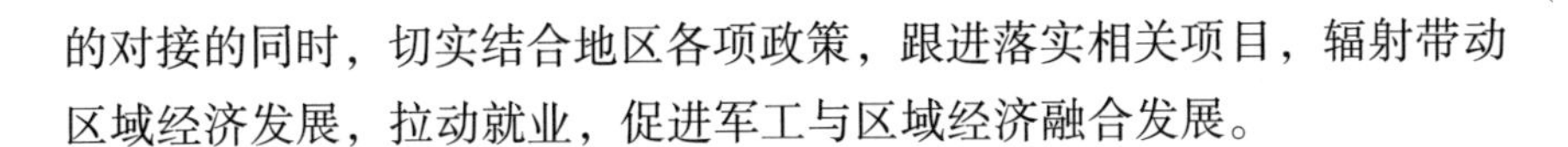

的对接的同时，切实结合地区各项政策，跟进落实相关项目，辐射带动区域经济发展，拉动就业，促进军工与区域经济融合发展。

第四节　网信安全性基础设施

英国是世界领先的数字化国家之一。英国在这方面的繁荣很大程度上依赖于其有能力使技术、数据和网络免受诸多威胁影响。然而网络攻击愈发频繁和复杂，破坏力巨大，因此英国将全面采取行动，使其有能力在数字世界中具备应对能力并保持韧性，将威胁降低到能保证其仍处于数字革命前沿的水平。

一、英国将维护网络安全视为自身目标

技术变革的规模和影响越来越大，英国对国内外网络的依赖加剧，那些设法危害系统及数据的人的机会也有所增加。地缘政治格局发生改变，恶意网络行为没有国界之分。网络犯罪分子的犯罪行为和方法花样百出，其目标是从英国公民、组织和机构那里得到更多的好处。借助网络的犯罪是指通过计算机、计算机网络或其他形式的信息与通信技术使犯罪规模得以扩大的传统犯罪（如借助网络进行欺诈和数据窃取）。网络犯罪分子通过信息与通信技术设备实施犯罪，这些设备既是实施犯罪的目标，也是实施犯罪的目的（比如开发、传播恶意软件以获取经济利益；进行黑客活动，窃取、损害、篡改或销毁数据等）。恐怖分子集团对英国实施破坏性的网络攻击，虽然其技术能力不高，但这些破坏活动所产生的影响巨大；进行简单的篡改和 doxing 活动（被黑的个人详细信息在网上泄露），恐怖分子集团就能吸引媒体的注意并恐吓当事人。黑客组织较为分散化，且行动都很谨慎。还有“脚本小子”，即技术不太高的个人，他们利用其他人发开发的脚本或程序进行网络攻击。虽然他们不会对经济和社会大环境构成显著威胁，但他们会通过访问互联网上的黑客指南和工具进行一些破坏性活动。

专栏7-2 英国电信服务商TALKTALK受害

2015年10月21日，英国电信服务商TALKTALK报告称受到一起网络攻击，客户数据有可能被黑。后来的调查断定，内含客户详细信息的一个数据库被黑客通过公共互联网服务器访问，大约15.7万客户的记录存在风险，这些记录包括客户姓名、住址、银行账户等详细信息。

同一天，几位TALKTALK员工收到一封要求以比特币支付赎金的电子邮件，攻击者详细列出了该数据库的结构，以证明该数据库已经被访问。

TALKTALK得到了国家打击犯罪局专家的支持。警察在2015年10月和11月抓住了多名主要嫌疑人，这些嫌疑人都位于英国。

这次攻击表明，即使具备网络防御能力的大型公司也可能存在漏洞。就声誉和运营而言，黑客破坏活动可能造成巨大影响，该事件迅速引起了媒体的高度关注。TALKTALK的迅速报告使得执法机关能够及时做出反应，公众和政府得以减轻敏感数据潜在损失。据估计，该事件给TALKTALK造成了6000万英镑的损失，使其失去了9.5万客户，同时股价大跌。

资料来源：作者根据相关官方资料整理而得。

如今的互联网不可或缺，然而互联网天生就不安全，始终会有人试图利用其漏洞发动网络攻击。在英国政府8.6亿英镑国际网络安全计划的支持下，于2011年实施的国家数字安全战略大大改善了英国的网络安全状况。通过利用市场来推动安全网络行为，该战略取得了重大成果。然而该战略没有达到领先于迅速发展的威胁所需要的变革规模和速度。为了保护英国在网络空间的利益，向本国公民、在英国运营的公司和组织以及国际盟友和合作伙伴保证尽一切努力维护系统安全，英国在《国家网络安全战略（2016～2021）》中提出2021年愿景，即让英国成为安全、能应对网络威胁的国家，在数字世界繁荣而自信。英国将通过主动的网络防御，使其自身不受日益发展的网络威胁侵害，对事件做出有效反应，确保网络、数据、系统得到保护并具备韧性。此外，国民、企业和公共部门需要具备自我防御的知识和能力。英国必须要成为网络

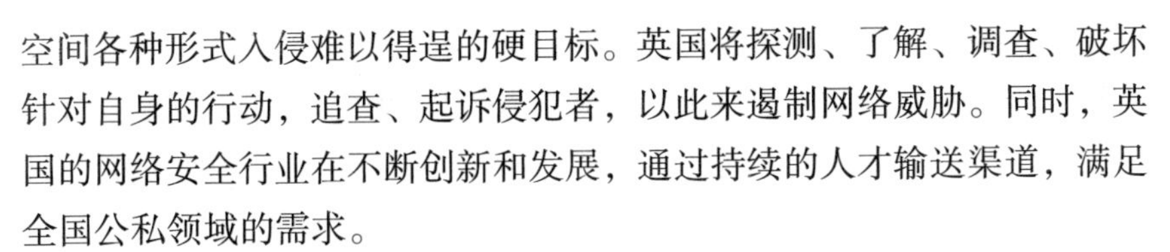

空间各种形式入侵难以得逞的硬目标。英国将探测、了解、调查、破坏针对自身的行动，追查、起诉侵犯者，以此来遏制网络威胁。同时，英国的网络安全行业在不断创新和发展，通过持续的人才输送渠道，满足全国公私领域的需求。

2020 年，英国颁布了《电信（安全）法案》[Telecommunication (Security) Bill]，希望提高其数字基础设施的安全性和弹性。新法案将国家权力引入其中，主动评估大型电信提供商的实践。其明确规定禁止华为参与英国的 5G 移动网络，将华为视为高风险供应商。英国电信公司使用华为设备将被处以营业额的 10% 或每天 10 万英镑的罚款。英国数字化、文化、媒体和体育大臣道登称，这部开创性的法案是世界上最严格的电信安全制度之一。同时，英国通信管理局（Ofcom）每年向政府提供年度安全报告，以提高英国维护网络安全的能力和网络复原力。英国还公布了 5G 供应链多元化战略，确保不过分依赖单一供应商。

二、利用市场力量，发展网络安全产业

企业、公司部门组织和其他机构在数字领域掌握个人数据、提供服务并运营系统。信息联网使其运营发生革命性变化。伴随着这种技术变革，企业需要保卫其资产，维持其所提供的服务，保障出售其产品的安全性。公民、消费者与全社会希望企业和组织采取合理的措施保护个人数据。英国认为，市场在推动网络安全领域仍然有作用待发挥，甚至在长期来看，市场的影响比政府还大。2011 年的《国家网络安全战略》和国家网络安全计划通过市场推动正确举措，增强了英国公私部门的能力。商业压力和政府发起的激励措施确保了网络安全领域获得充足的商业投资，从而能够使足够多的技术人才源源不断地进入这一行业。英国拥有一些世界上最具创新性的网络安全公司。英国通过加速器支持业务，帮助网络安全部门发展。英国国家网络安全中心的数据显示，2019 年，约有 1200 家公司在英国活跃，提供网络安全产品和服务，比 2018 年增长了 44%。2019 年，英国网络安全出口额为 39.6 亿英镑，占英国安全出口总额（最大单一类别）的 55%，而 2018 年为 21 亿英镑。同时，英国网络安全投资也在 2019 年创新高。政府继续资助一系列措施，

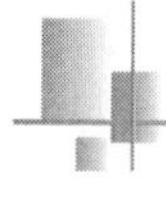

以发展网络安全部门并刺激创新。从2017年底到2019年底，该行业增长显著，公司数量增加了44%，就业岗位增加了37%，收入增加了46%。自国家网络安全计划（NCSP）开始以来，该行业已经获得了11亿美元的投资，2019年的投资达到了创纪录的3.48亿美元。

三、增强主动防御能力，防范网络攻击

主动网络防御（ACD）的最终目标是减少网络攻击造成的伤害。它代表着英国在网络安全方面的重大转变。因为它是自愿的、非监管的、非法定的，是与中央政府、地方政府和企业的共同合作。英国政府在更大规模上利用其独有的专长、能力和影响力来推动国家网络安全的重大变革。英国政府与行业特别是通信服务提供商展开合作，加大攻击英国互联网服务和用户的难度，大大减少了网络攻击对英国产生的负面影响。其中包括：首先，处理网络钓鱼、恶意攻击域名和IP地址等行为，以及加强英国电信和互联网路由基础设施安全的相关措施。其次，提升英国政府通信总部、国防部和国家打击犯罪局的规模和应对网络威胁的能力。最后，利用国家力量在关键国家基础设施供应链上打造出更强大的安全保障，强化英国软件生态系统的安全性，并以自动保护的形式为公民提供政府在线服务。英国国家网络安全中心（NCSC）数据显示，2020年，通过ACD工具、Web Check（一种帮助发现和修复英国公共部门网站常见漏洞的服务）扫描了大约8000个域名，在此期间，大约10000个紧急问题被解决。邮件检查用于评估电子邮件的安全性、遵从性，2020年邮件检查工具扫描了3000个域名，总数累计超过8000个。保护域名服务（PDNS）用于防止恶意软件和病毒的传播，2020年PDNS新增保护325个组织，总数累计超过760个，处理了2160亿次域名服务（DNS）查询，进行了9200万次域名拦截。在删除恶意内容方面，2020年此项工具发现了超过8000个侵犯英国政府品牌的网络钓鱼集团和近22000个侵犯其他英国知识产权空间的集团。

同时，英国国家网络安全中心（NCSC）推出了可疑电邮举报服务，该服务于2020年4月成功投入服务。运作的前4个月，该服务共接到220万宗市民举报。这些举报信息帮助国家网络安全中心关闭了22000

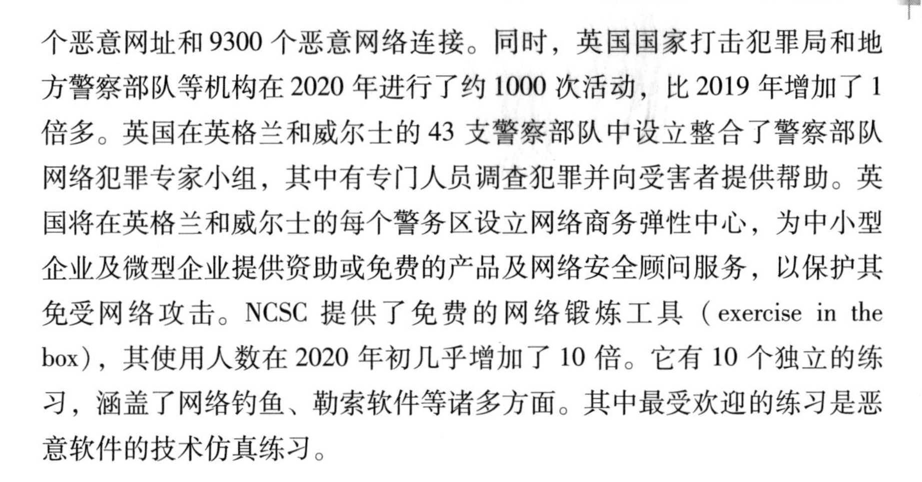

个恶意网址和9300个恶意网络连接。同时，英国国家打击犯罪局和地方警察部队等机构在2020年进行了约1000次活动，比2019年增加了1倍多。英国在英格兰和威尔士的43支警察部队中设立整合了警察部队网络犯罪专家小组，其中有专门人员调查犯罪并向受害者提供帮助。英国将在英格兰和威尔士的每个警务区设立网络商务弹性中心，为中小型企业及微型企业提供资助或免费的产品及网络安全顾问服务，以保护其免受网络攻击。NCSC提供了免费的网络锻炼工具（exercise in the box），其使用人数在2020年初几乎增加了10倍。它有10个独立的练习，涵盖了网络钓鱼、勒索软件等诸多方面。其中最受欢迎的练习是恶意软件的技术仿真练习。

四、培育网络安全人才，加强英国研究能力

2020年，英国为了应对年轻人在家学习的挑战，推出了一个新的虚拟网络学校（CyberFirst），为多达20000名13～18岁的学生提供了一个免费的在线平台。英国世界领先的CyberFirst奖学金计划继续增长，吸引了具有高度积极性、才华横溢的本科生。到目前为止，所有56名获得助学金的毕业生都成为全职的网络安全人员。英国还组织了一系列广泛的课外活动，鼓励年轻人从事网络安全事业。2019～2020年，英国有将近57000名年轻人参与了“CyberFirst”和“Cyber Discovery”学习项目。同时课程扩展到了更年轻的学生，为11～12岁的学生开设了CyberFirst开拓者课程，13岁的学生也可以学习Cyber Discovery课程。CyberFirst女子网上比赛吸引了11900名女孩参与，顶级队伍以一种新的半决赛形式参赛，这种形式的比赛同时在英国18个场馆举行。

英国国防网络学校（The Defence Cyber School，DCS）正在提供额外的课程和商业培训，以确保其能够给政府和军队提供更多的网络专业人员。其与政府的合作伙伴合作，提供一个通过互联网访问的虚拟的网络培训环境。

促进世界级的研究和英国的研究能力是确保现在和未来更有保障的网络安全的关键部分。艾伦·图灵研究所和一些研究机构改变了高等教育研究机构合作的方式，在网络安全研究方面，为英国带来了积极重大

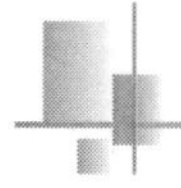

的影响。2020 年 1 月，NCSC 和 DCMS 针对希望被认定为网络安全教育卓越学术中心（Academic Centre of Excellence in Cyber Security Education，ACE－CSE）的大学发出公告。19 所英国大学已经因其研究成果被认定为 ACE－CSE。有资格的高等教育院校（已提供 NCSC 认证学位的院校）可根据其认可的网络安全教学，结合策略性的院校支援、参与和外展活动等方式申请 ACE－CSE 认证。英国博士赞助计划允许学生在 NCSC 深度技术专家的指导下攻读博士学位。该计划支持培育下一代网络安全研究人员和思想领袖。目前有 100 多名学生正在接受（或完成）高级网络安全研究培训，此外还有在实施国家网络安全战略前就开始学习的 73 名学生。该计划成功地提供了高质量的研究成果以及学术界和工业界的专业人才。

五、加强与欧盟合作，维护共同利益

《英国—欧盟贸易与合作协定》为英国和欧盟在网络安全领域的合作提供了一个框架，鉴于网络威胁和挑战的跨国境性质，这一领域的合作是互利的。该协定支持在国际机构中交流信息与合作以及加强全球网络复原力的安排，这符合英国与欧盟的共同利益。同时积极推动英国参加包括欧洲网络与信息安全局与网络和信息系统合作小组在内的专家机构的活动，并促进其与欧盟计算机应急响应小组合作。

该协定包括在线消费者保护和反垃圾邮件条款，为消费者从英国或欧盟的企业购买产品提供强有力的保护。该协定包含特别例外以保留英国或欧盟保护在线用户的政策空间。同时，它保证了公司免受源代码的强制转移，保护了宝贵的知识产权。

第五节　国际机制下英国网信的管理

国际电信联盟（ITU）是主管信息通信技术国际事务的联合国机构，负责分配和管理全球无线电频谱与卫星轨道资源，制定全球无线电标准，向发展中国家提供电信援助，促进全球电信业发展。国际电信联

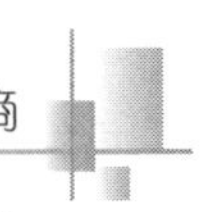

盟下属的无线电通信部门（ITU－R）主要负责无线电频谱和卫星轨道资源的管理协调工作，其主要任务是确保所有无线电通信服务能够以合理、公平、有效和经济的方式使用无线电频谱及卫星轨道资源，研究和批准无线电通信方面的建议书，保证无线电操作系统免受干扰。

国际电信联盟定义的42种无线电业务广泛应用于广电、通信、铁路、交通、航空、航天、气象、渔业、科学研究、抢险救灾、新闻媒体以及公安、武警、军队等各部门、各行业。无线电频谱是国家重要的战略性稀缺资源，其作为信息交互传输的重要载体，是无线电业务应用的基础和前提。通过对无线电频谱资源的开发利用，能够创造巨大的产业价值和社会效益。随着下一代移动通信、工业互联网、物联网、车联网等新技术、新业态的快速发展，无线电频谱已成为推动创新驱动、培育新动能、促进高质量发展的重要基础资源和关键要素，各行业各领域对频谱资源的需求进一步增加。

一、英国的无线电频谱与卫星网络管理

无线电频谱是一种供应有限的宝贵资源，受到了高度的追捧，对于现代经济至关重要。Ofcom管理英国的频谱分配，使频谱资源以最有效的方式得以利用。其主要工作包括发布用于新用途的频谱以及制定政策以确保频谱得到有效使用。Ofcom在频谱管理方面开展战略性工作，包括为5G、频谱清除、频谱奖励和许多其他持续项目提供足够的频谱，为频谱的未来需求提供信息研究。英国的电子通信监管框架规定了Ofcom作为国家监管机构的权力和职责，包括英国无线电频谱的管理方式。国际频谱规划小组（IFPG）及其工作组是向英国频谱战略委员会（UKSSC）报告的一个特设小组。它的主要作用是管理英国筹备国际电信联盟世界无线电通信会议（WRCs）的相关事宜。英国退出欧盟以后，根据2018年生效的《退出欧盟法案》，将频谱分配和分配规则进行了纠正，使用法定文书将《欧洲电子通信法》（EECC）转化为英国法律。宽带传播英国（BDUK）有一项关键计划——700MHz（兆赫）清除计划，正在清除无线电频谱以供将来移动宽带使用。Ofcom在国际电信联盟中代表英国，并承担英国卫星网络管理局的角色。Ofcom决定是否向

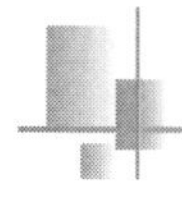

国际电信联盟提交卫星网络申请进行注册。这一决定取决于申请人能否证明技术、财务和法律证书，以按照其业务计划所载的时间尺度建造、启动和操作拟议的系统。

二、国际电信联盟对全球频谱资源进行协调

国际电信联盟总部设在日内瓦，是联合国的一个国际组织，其成员国和业务部门负责协调全球电信网络和服务。国际电信联盟是一个成员合作实现发展、标准化和频谱管理政策的论坛，能够促进全球电信服务的开发。国际电信联盟也是诸如物联网、5G、智慧城市和人工智能等变革性技术的全球领先平台。国际电信联盟的职责包括：分配频谱（包括卫星轨道位置），以避免有害干扰；改进频谱和卫星轨道的使用；促进全球电信标准化；向发展中国家提供技术援助。国际电信联盟官网2020年9月15日消息：ITU于当日出版了《2020年无线电规则》，是规范无线电频谱和卫星轨道全球使用的国际条约，其将于2021年1月1日对所有签字方生效。《无线电规则》历经114年的修订和完善，至今已演变成为一份4卷、2000多页的条约，涵盖了40种不同的无线电通信业务。《2020年无线电规则》的出版是2019年世界无线电通信大会的结晶，反映出国际上不断变化的频谱使用需求，旨在促进平等获取和合理利用无线电频谱和对地静止卫星轨道等自然资源。无线电频率和任何相关的轨道（包括对地静止卫星轨道）均为有限的自然资源，必须依照《无线电规则》使用。该规则旨在确保无线电频谱的使用是合理、公平、高效和经济的，同时防止不同无线电服务之间的有害干扰。此外，这些规则还能促进所有无线电通信业务的高效和有效操作，并在必要时规范无线电通信技术的新应用。

三、英国积极参与国际电信联盟的管理

国际电信联盟举办的2019年世界无线电通信大会（WRC－19）是近年来信息通信领域最重要的一次会议。该会议作为无线电频谱管理领域最高层次的国际会议，其结果决定了世界无线电相关产业未来10年

乃至更长时间的发展命运。国际电信联盟的政治性一直在加强，世界无线电通信大会还讨论其权限内的其他任何世界性问题，所以各国都想在这个最高舞台上争夺信息传播体系的话语权。国际电信联盟还致力于解决双边、多边电信标准化部门、无线电通信部门、电信发展部门等电信领域的纠纷，缩小发展中国家与发达国家的数字鸿沟，构建国际电信领域新秩序。

英国非常重视国际电信联盟的工作。国际电信联盟在分配全球无线电频谱和卫星轨道以及制定技术标准以确保网络和技术无缝互联方面发挥关键性作用。同时它还在改善发展中国家获得通信技术的机会方面开展重要工作，这些工作对全世界人民至关重要。

国际电信联盟成员国每 4 年开会制定欧盟总政策，并商定其后 4 年的战略计划。他们还选举高级管理小组、理事会成员和无线电条例委员会。文稿作为各国代表团专家表达立场和观点的载体，是国际电信联盟研究工作最重要的输出成果。2014 年在韩国釜山，英国宣布支持马尔科姆·约翰逊竞选国际电信联盟副秘书长，任期为 2015 ~ 2019 年。马尔科姆·约翰逊先生于 2018 年 11 月 1 日再次当选为国际电信联盟副秘书长，任期 4 年，从 2019 年 1 月 1 日开始。常务副秘书长需要深入了解和认识欧盟面临的更广泛的问题及其各成员的关切；结合清晰的战略眼光、成熟的管理技巧和外交手段。英国认为，马尔科姆具有履行这一职务的资历、经验和能力。马尔科姆在国际电信联盟内以提出原创性想法、通过建立共识在无法解决的冲突中寻求妥协、对发展中国家的利益敏感以及接受国际电信联盟活动的所有技术、监管、程序和商业因素而广为人知。

四、英国积极通过国际电信联盟维护本国发展利益

Ofcom 在国际电信联盟和欧洲邮电会议（CEPT）中代表英国。其主要任务包括参与国际电信联盟的多项活动，平衡英国各利益相关者和英国消费者的需求，代表英国参加每届会议的欧洲筹备工作。Ofcom 还广泛参与国际电信联盟和 CEPT 的各频谱委员会和工作组的工作，并确保英国的利益在国际频谱工作中得到适当反映。当前覆盖所有频段的卫

星申报数量增加，英国正在以积极制定关于优选 S 频段的新建议书的方式参与国际电信联盟的工作，以达到降低 S 频段协调难度的目的。此外，英国计划为雷达适当接入频谱，并就改变国际频谱分配开展多方沟通。针对非静止轨道系统对射电天文测量产生干扰的问题，英国还通过国际电信联盟制定适当的解决方案，以保护英国和国外（平方公里射电阵）的射电天文站点免受卫星发射的影响。

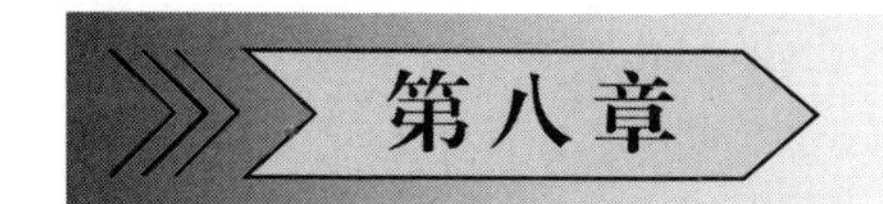

第八章

日本网信战略

进入21世纪以来，国际互联网发展大踏步前进。政治、经济、文化与社会生活被网络包围，网络信息技术的影响无处不在。网络信息技术作为高科技产业已经成为推动社会进步不可或缺的工具。同时，网络信息技术领域的治理困局也存在于全球化的信息发展战略之中。日本，作为从20世纪60年代就开始发展信息技术、实行“IT立国”国策的国家，已经在网络信息治理领域实现了比较成熟的治理机制。通过对日本网络信息发展历史与治理机制的研究，可以一探日本政府信息化战略的建设思路，以为我国网络信息发展提供有关思路。

第一节　日本网信战略目标

信息是第四次工业革命的核心要素，其不仅可以创造经济与社会价值，也为国家发展提供了基础与导向。随着信息、数据成为社会发展过程中的重要资产，国际竞争日益从有形物理空间转移至无形网络空间，信息科技的应用与发展正成为各国争相占领的高地。近年来，日本高度重视信息技术的发展。秉承其自IT立国战略以来实施的以人为本、智能社会的网络信息政策，日本发布的多个科技创新相关报告对打造信息社会、加强科技创新及应对风险挑战等领域重点关注。日本科技战略中

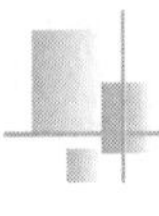

也强调网络发展与网络安全的重要性。而与美国强调美国利益至上的发展理念不同，日本与网络相关战略的目标更着重于自身，即服务于日本经济社会的发展与建设。

一、打造泛在智能先进社会

2015年日本发布的《第5期科学技术基本计划（2016～2020）》提出，超智能社会是人类历经狩猎社会、农耕社会与工业社会，并迈入信息社会后发展出的新型高级社会形态，也是一个虚拟空间与现实空间高度融合的社会形态。

在超智能社会5.0中，AI机器人将会与人们“共生”，由人工智能及机器人为用户提供更加细分、定制化的服务，并预测潜在需求。在万物互联的条件下，网络与信息技术将日益渗透进社会的方方面面，为人类社会活动提供计算智能、感知智能、认知智能的产品和服务，并突破产业、时间、空间差异，带动其他生产、服务向更高水平跃升，引领新的生产方式、商业模式和管理模式。

另外，由于在超智能社会中虚拟空间和现实物理空间高度融合，如果虚拟网络空间受到攻击，则可能对物理世界中的正常社会活动带来风险，甚至将影响国民经济的稳定与发展。因此，更高层次的网络安全风险管理在超智能社会中尤为重要，全面而审慎的网络安全风险防控机制将为国家与企业保持竞争力、充分创造价值提供有力保障。

（一）持续性建设泛在网络基础设施

电信基础设施是一切信息技术应用发展的平台，也是实施信息技术战略的基石。日本在21世纪早期的三大网络战略中就不断强调建立泛在的网络基础设施。三大x－Japan战略——“e－Japan”、“u－Japan”与“i－Japan”中都提及了进一步推进更加高速、低廉的因特网。根据2018年知名通信产业咨询机构点题（Point Topic）对全球宽带网络费用的调研，日本的宽带网络平均费用最低，而中国排名第27位。持续的网络基础设施建设既推动了日本大幅提高信息技术水平与

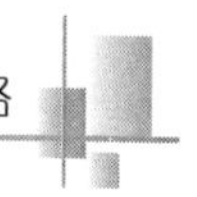

生产率，驱动科技创新，同时也推动了安倍经济学的实施，以保障经济增长。在宽带网络建设的基础上，日本还着重加强网络基础平台的建设，并推动其实现数据互通、资源共享。2015 年，日本提出的《第五期科学技术基本计划（2016～2020）》明确提出建立超智能社会的共同平台，加强网络基本设备技术建设，为网络数据传输建立稳定运行的网络。此外，在 2017 年的《集成创新战略》中，日本又补充强调了“要构建基础设施数据交换平台，以便于在政府、地方自治体和私人之间交换数据来提高生产力，目前跨域数据交换平台的目标已经在构建中”。

（二）融合性应对最新技术挑战

超智能社会的建设依赖网络空间技术与物理空间技术二者的发展与融合，其中网络空间技术包括 AI 相关技术、大数据和物联网系统构建技术等，而物理空间技术包括机器人技术、传感器技术、执行器技术等。

信息时代的挑战不仅存在于物理实体空间，还存在于网络无形空间，物理实体空间的竞争正在向网络无形空间延伸并深化。典型案例如谷歌、百度、阿里、腾讯等知名互联网公司在网络空间资源上的竞争，其通过收集网络空间的信息，如交易数据、用户信息等进行分析与分发，实现了显著的商业价值。而面临两个空间愈发新兴、广泛且复杂的挑战时，日本格外强调网络空间技术的重要性，以期推动其实现保障国家及公民安全、高质量、繁荣发展的网信战略目标。在 2017 年日本发布的《科学技术创新综合战略》中，人工智能相关技术作为一项前沿网络空间技术被重点提及。该战略指出应积极促进人工智能技术在战略、系统和人员等领域应对新兴挑战发挥作用，提高工业竞争力。

（三）鼓励性培育网信有关人才

人才是科技进步的主体，各国间数字经济的竞争本质上便是人才的竞争，而日本也十分重视教育和人才对实现国家可持续发展的重要作用。《第五期科学技术基本计划（2016～2020）》中强调把人才的

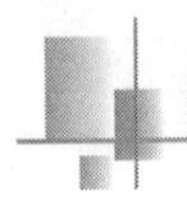

可持续发展的能力作为促进日本发展的核心能力，使其能够在面对任何新的挑战或局势变化时做出准确和灵活的反应。近年来，商业部门和其他地方越来越倾向于寻求短期成果，短向趋势明显，而大学及公立研究机构在创造知识方面的作用越来越重要。在为开放科学等新趋势做出适当准备的同时，除了推进改革力度并加强促进学术和基础研究外，日本还积极加强支持研发活动的设施和设备，尤其是信息基础设施。

2019 年，日本发布了《超级智能社会高科技人才培养计划》，以支持日本培养适应于超智能社会发展需要的高科技人才，并推动产学合作。日本的高科技人才培养计划可分为初等教育和高等教育两个领域。在初等教育领域，日本着重加大对信息基础设施的支持，而在高等教育领域则着重改革研究生教育、努力加强人力资源潜力，致力于培养物联网、网络安全、数据科学等领域的复合型人才。此外，日本还鼓励基础研究与商业创新直接联系，在这样的环境下巩固科技创新。

（四）有序完善公共系统信息设施

公共系统是智能社会的连接器与重要组成部分。日本在公共系统领域着重强调发展电子政务、电子医疗、电子教育。在电子政务方面，早在 2006 年，日本政府便制定了《电子政府工作推进发展计划》，该计划描述了电子政务推进经济体制的愿景与蓝图，其后日本政府在有序的顶层设计下逐步推动电子政务建设。自 2020 年 9 月起，菅义伟政府宣布日本全面推行数字化，由政府行政机关带头号召企业发展“电子化办公”。在电子医疗方面，日本在“i - Japan”战略中强调借助远程医疗技术进一步发展完善医疗服务机构的信息技术基础设施，促进地方医疗机构交流与合作，解决日本国民区域医疗发展差距的问题，全面提高社会福利。日本在 2017 年的《集成创新战略》中，也强调通过人工智能、物联网和大数据技术开发，建立和应用人工智能医院系统来提高医疗效率。

二、促进开放型创新机制形成

（一）机制创新为社会打造开放型创新环境

日本传统的武士精神使得日本社会在许多方面都很难接受失败，而创新必然意味着大量失败，但是目前日本社会对失败的接受程度仍然很低。因此，日本政府在战略执行中着重强调加强开放式创新推进机制，加强培育中小型企业进行风险分析，鼓励企业创新创业。要聚集国内外不同领域的融合，形成综合创新环境。

日本的家乡税政策在其开放式创新机制的设计中值得一提——该政策是指捐款人根据自愿原则向地方政府进行捐款。捐款人完成对地方政府的捐款后，可收到受捐地方政府部门所出具的捐款凭证。捐款人凭借此凭证可以向现居住地政府税务部门申请减免居民税或返还已缴纳的个人所得税。通过这种政策，可以解决诸如偏僻乡镇人口与收入减少的问题，缩小不同地区的贫富差距，有力促进科学、技术和创新区域平衡发展。

（二）编制先进的研发项目投资评估体系

日本对于扩大研发投资施行了以中央为核心，各省协同管理的预算研发编制改革。该模式有助于充分引导民间资本投入，发挥产业创新的全面参与协同效应。同时，各省也引入评估体系，通过评估系统强化研发投资的筹集与使用效率。

日本的扩大投资方式可以概括为“改革”—“合作”—“拓展”三个流程，具体为通过不断推动科研机构实现从研究到产业化一体化，倡导科研机构、产业界与金融业的产学合作，使科研投资的来源多元化，从而能够高效筹集并应用科研经费。值得注意的是，其在资金利用中引入了对研发发展投入的客观评价系统，以此合理地评估研发投入使用情况。

为了促进科学技术创新高效开展并加强科学、技术和创新委员会发挥的“控制塔”作用，日本主张根据实际产业需求统筹研发投资的投

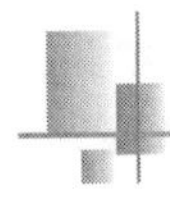

入方向，相关投入必须以科学技术创新的技术趋势与产业需求作为依据。此外，要实现研发投资的社会价值，势必需要政府和私营部门共同努力扩大研发投资，因此基于客观证据的政府资源分配和政策规划对于政府努力带动全社会的研发投资至关重要。

（三）跨国界合作吸收全球知识

为了让创新的源泉涌流，日本也在不断创新产业合作方式。日本通过无国界挑战（全球化、行业与学术界之间的大规模合作）致力于促进工业界、学术界和政府之间在人力资源和研究力量方面全面合作。产业合作将是全球化的，横跨国家边界以及工业界、学术界和政府各领域，以便汇集广泛的知识，不断产生观点、灵感和创新。此外，日本还不断推进培训具有国际视野的研究人员，通过改善他们的就业状况来确保国际人力资源流动，以期充分吸收全球知识，并基于全球观点和灵感来促进国际认可的研究，并且加强与海外企业的合作，以赢得全球科技与技术竞争。

三、在合作中加强国际网络共同治理

日本将进行国际网络共同治理作为重要的政策目标，一方面不断促进网络资源公平分配，另一方面通过国际交流合作不断提高网络技术水平，积极参与建立全球数据治理体系，力求主导规则制定方向。

（一）发展目标是成为世界典范创新国家

日本在《集成创新战略》中设立了成为世界上最具创新性的国家的目标。其具体内容是要求日本在2020年之前实现创新国家排名世界第三位，同时保持发达国家中最高的生产率增长率。

日本的网络发展目标性较为明确，其通过明确发展目标和未来方向，辅之以对先进技术的重点政策支持来促进创新，保证自己的领先地位。同时日本科技战略具有政府主导型的特点，战略实施与有效的政府监管改革、精简流程等措施同步进行，使得日本可以成为走向世界的典范。

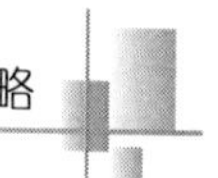

（二）人力目标是打破内卷化倾向

内卷化现象是当前社会的一种常见现象，尤其在东亚地区表现十分明显。由于东亚地区人口基数较大，经济发展水平地区差异较大，可供利用的资源有限，东亚民族“安土重迁”思想较重，所以内卷化倾向在东亚地区十分突出。“内卷化”首先是由美国文化人类学家吉尔茨（Geertz）所提出的，是指一种社会或文化模式在一定发展阶段达到一定形态后停滞不前或无法转化为另一种先进模式的现象。

日本在《集成创新战略》中指出，日本关键技术领域的研究人员较少参与国际合作与交流，表现为不愿出国学习、较少参加国际论坛等。在内应力的作用下，科技创新人员自身压力较大，较少参与国际交流，这些都是不利于创新发展的因素。而且相关调查发现日本的内卷化倾向不仅仅存在于科研人员群体，青少年群体也存在类似问题。这是发展超智能社会5.0必须要处理的问题。

事实上，整个东亚地区的“家国情怀”文化以及人口多资源少的社会条件，决定了“内卷化”是东亚地区较为独有的发展特点。同样，“内卷化”的压力对日本政府的政策引导提出了挑战。日本政府在《科学技术创新综合战略》中强调科研人员要不断“走出去”，吸收国外先进技术，缓解国内的科研内向倾向。

（三）长期目标是在国际上展示日本科学技术实力

在2016年里约热内卢奥运会闭幕式上“东京8分钟”展示时间中，日本运用了相当多的先进科学技术，AR、VR等前沿网络技术的应用引起了国际范围内的广泛讨论。东京奥运会成为宣传和展示日本在国内外的科学技术创新成果的最佳窗口，例如运用网络多语种翻译技术减轻访问日本的国际游客在交流沟通方面的压力。而奥运会不仅起到展示作用，也带来了大量潜在的挑战，如防范因国际盛会带来的网络袭击、海量的数据处理、支持国际盛会的达标网络基础设施数量等。日本在数个科技发展战略中都将东京奥运会与残奥会视为为本国建立良性经济循环的一次绝佳机会。体育盛事有效刺激了日本智能工业的发展和在日本的

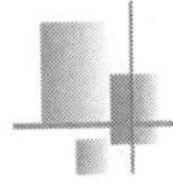

外国直接与间接投资。日本政府在这样背景下稳步推进有助于日本科学、技术和创新的项目，不仅保障了奥运会的顺利举办，还在世界上展示了其信息技术实力，并促进了相关网络翻译技术、网络安全技术、数据处理等行业公司的发展。

第二节　集成创新发展技术基础设施

为了发展与超智能社会相适应的信息技术，日本十分重视网络基础设施及尖端技术，由政府指引社会将更多社会资源投入核心技术研发，以人工智能等核心技术为抓手不断提高生产力，实现集成创新发展。

一、利用人工智能技术促进生产力发展

人工智能相关技术，包括人工智能技术、物联网系统构建技术和大数据分析技术，被日本认为是实现超智能社会 5.0 的关键。

日本在其 2017 年发布的《科学技术创新综合战略》中提出人工智能相关技术是影响所有科学和技术创新的最先进的基础技术领域。随着 AI 技术在世界各地取得令人瞩目的进展，各国为了能够在世界的创新竞争中争先，正加快动员国家资源进行人工智能战略的构建和实践，而日本当下从研发到社会实施均落后于中国和美国，日本政府正通过加强实施 AI 战略试图打破被中美领先的现状。日本政府认为 AI 发展的核心原则是“以人为本的 AI 社会原则”。由于人工智能的进展已经开始对社会产生影响，涉及就业、歧视、冲突、人类尊严等方方面面，日本有必要利用包括人工智能等基础技术在内的最尖端的技术战略性地解决社会发展中的问题，以促进生产力发展。目前，日本 AI 发展的路线图已经成为智能社会服务发展的路线图，并且要求各级政府统一执行，上升为统一国家战略。

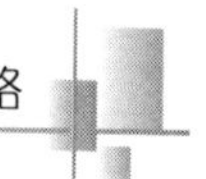

专栏8-1 《下一代人工智能推进战略》中提出的社会实施目标

（一）利用跨域交换平台与开发人机交互基础技术以实现物理数据交换平台与计算机/机器之间的高级智能通信，减轻人为琐事，促进生产力发展。

（二）建设智能食品链系统，以实现生产定制和有效分配，适应消费需求。

（三）利用人工智能技术以低成本在航海领域、港口和海湾分布以及建筑/维护管理中促进生产力的提高。

（四）构建用于多国语言语音翻译的人工智能技术等，以提高旅游领域的生产力和服务水平等。

（五）建设AI医院，以增强医疗服务。

（六）开发灾害信息共享和支持系统，以增强灾害和减灾领域的响应能力。

以上是日本在《下一代人工智能推进战略》中明确强调的网络空间技术的发展目标。为此日本将成立人工智能技术战略委员会，编制下一代的人工智能研发目标和工业化路线图，通过三个国家级人工智能研究和应用促进机构——信息通信技术研究所（NICT）、先进集成智能平台（AIP）、人工智能研究中心（AIRC）来推广人工智能技术服务。

资料来源：作者根据相关官方资料整理而得。

二、利用物联网技术保障老人社会正常运转

物联网（internet of things，IoT）技术通过传感器、仪表、射频识别（radio frequency identification，RFID）芯片以及其他嵌入在各种日常物品中的设备来发送和接收各种数据。日本是较早发展物联网技术的国家之一，同时也是现阶段老龄化较为严重的国家之一。现阶段日本正积极拓展物联网和智能应用技术在老人社会相关场景

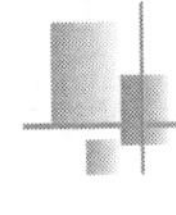

中的应用。

日本在《集成创新战略》中提出在医疗保健业和公共服务业等与养老密切相关的产业中应用信息技术，为实现公民丰富和高质量的生活提供动力。对于日本来说，出生率下降和人口老龄化的影响越来越明显。作为典型的老人社会，通过物联网智能系统的努力以及它们在各个领域的协调与合作，能够实时处理和响应老龄人口的自动调节光源、协助进食、自动洗头等服务需求。此外，由于老龄社会中糖尿病等老年病症多发，日本医疗物联网产业研究方还为物联网设备开发了适用于有关老年病症的算法。这些设备除了进行数据收集与反馈外，还承担着引导用户活动的职能，使老年人保持合理的健康状态，为其提供便捷的求医指引。

物联网技术为日本开启了智慧养老的希望之门。在老龄化社会不可逆转的前提下，日本的物联网智能养老技术为世界其他老龄化国家进一步的社会转型提供了参考。

三、利用光/量子技术构建海量数据库

数据库容纳大量数据，通过数据共享可以促进社会实施，加强日本工业竞争力。例如，国家和地方政府数据库将可以对第三方用户开放。政府可以鼓励工业部门特别是初创公司和中小型企业使用这些数据库，并将它们与为未来社会的工业创新联系起来，从而实现安全、有保障和舒适的生活，并创造具有全球扩张潜力的市场。

光/量子技术在信息通信、医疗保健、环境和能源等广泛的领域能够提供跨行业的支持，促进形成更高层次的社会和工业基础设施，解决传统技术的局限性，满足社会在精确度、灵敏度、容量、能效和安全等各方面的需求。为了实现超智能社会5.0，日本将发展“激光处理”技术，升级连接网络空间和物理空间的设备，以处理爆炸性增长的数据和建设“光/量子通信”。

为了达成日本超智能社会5.0的平台建设，日本运用相关信息技术研究了大量关键领域数据库的建设，以“数据驱动”为指导战略，将数据库技术应用到关乎国计民生的各个行业，如农业、新材料、生物、

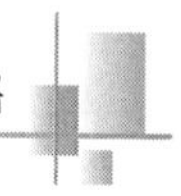

地理、气象、环境数据库等。例如，地理数据库根据“重力空间”信息、其他位置信息、卫星观测数据为自动驾驶车辆提供参考；环境数据库建立在气候变化预测数据和地球观测数据的基础上，为日本提供气象数据、卫星观测、海洋观测等服务。由于日本是一个地震、海啸频发的国家，所以环境数据库对于国家安全来说异常重要。此外，促进数据通过网络进行传输与共享，建立网络安全数据库也是重中之重。日本通过分享有关网络攻击和其他威胁信息的系统有效应对网络攻击事件，做好网络安全预警与防护。

在进行公共数据平台建设的同时，日本也十分注意保护公民的隐私权。超智能社会5.0的核心是以人为本，因而数据库的建设十分关注个人信息保护。每个数据库中的有关图像信息能够建立完备的风险管理体系。此外，还必须确保网络服务商在对数据提供者有全面认识的基础上有把握地利用数据，并努力与国际机构保持和谐的关系，以促进全球的数据利用。

四、利用区块链技术推动数字经济发展

区块链技术是一种分布式分类账技术，允许多方在没有任何中介的情况下进行安全、可信的交易。区块链技术拥有溯源性与不可篡改性。这意味着企业数据方能够通过区块链跟踪观察整个供应链数据的真实性与未经篡改性，从而有效处理数据的安全问题。通过使用区块链技术，企业及政府可以安全共享和利用从生产、加工、分销到消费各阶段的产业信息。

为了应用区块链技术保障数字经济的安全与效率，日本在《集成创新战略》强调运用区块链技术不断促进在整个价值链中提高生产力并增加附加值。另外，日本在《支付服务法》中对比特币的合法性进行了承认，同时也对相关数字资产交易所提出了明确、严格的监管要求，通过法律认可、加强监管、税收优惠等一系列措施保障了区块链对数字经济的推动力。

第三节　稳定制度基础设施支撑网信安全管理

从21世纪初，日本政府便深刻认识到了加强网络安全治理的重要性，从国家战略的高度全面推进本国的网络安全治理。而完备、高效、灵活的网信安全制度体系是日本网络安全保障体系的核心，对于日本国家总体安全保障具有重要意义。

一、不断优化的网信组织体系

随着网络信息的重要性日益增高，尤其是在多家政府机构和企业发生过多起信息泄露事件的背景下，日本于2005年4月明确了国家信息安全政策会议制度，成立了国家信息安全中心，其负责制定并执行日本信息安全领域的基本政策，与原有的日本IT战略总部一起负责国家信息工作。

如图8－1所示，日本IT战略总部的职责是制定国家经济领域有关信息安全问题的相关政策，而日本统筹信息安全问题的组织实体是国家信息安全中心。自从建立国家信息安全中心后，日本加大了对网络和信

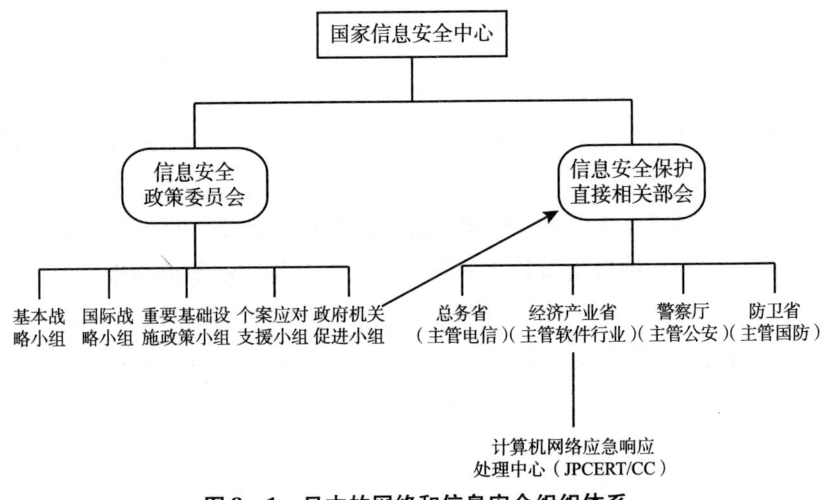

图8－1　日本的网络和信息安全组织体系

资料来源：作者根据相关官方资料整理绘制。

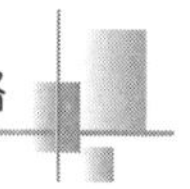

息化安全的重视。在近十几年的发展历程中，日本政府不断优化顶层设计，且注重政府部门的联合统筹，不断强化对国家信息安全中心网信安全工作的领导，逐步形成了一整套结构比较完备的网络和信息安全组织体系。如图8－2所示，这些机构在内阁秘书处及其直属的国家信息安全中心的统一规划下，开展维护全国网络和信息安全的各项工作，为保障日本国家网络和信息安全提供了强力支撑。

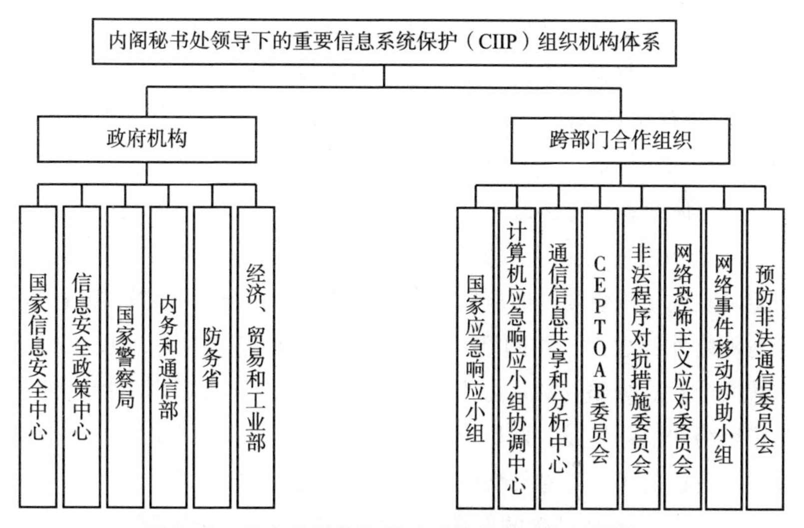

图8－2　日本关键信息基础设施保护组织机构体系

资料来源：黄道丽，方婷．日本关键信息基础设施保护制度及对我国的启示［J］．中国信息安全，2016（7）：5.

二、日本网信制度演变特点

随着互联网应用的发展与网络安全风险问题日益凸显，日本也逐步建设起完善的网络安全管理制度。日本的网信战略是政府主导型的，一方面是受美国网络管理模式的影响，另一方面也与其自身的发展需要有关，即支持日本随着国际政治经济形式的变化拓展战略发展空间。由于国际政治局势与日本国家战略需求的变化，日本网信战略也经历了从被动防御到主动扩张的转型。其演变主要有以下几个特点：一是主动性不断加强；二是以经济发展为战略导向；三是内化于政治和军事战略。

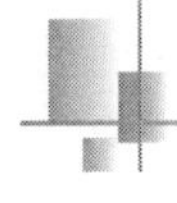

（一）不断健全相关法律法规

日本信息技术产业的发展是以政府相关政策和法律法规为基础的。在推动信息产业发展的过程中，日本政府颁布了一系列法律法规，制定了引导产业发展的国家战略，并通过立法加强政府支持。在不同的网络技术发展阶段，网信领域的立法也呈现出鲜明的阶段式特征。

第一个阶段是“x－Japan”战略阶段，这一阶段主要是从国家战略角度出发，为本国信息产业发展奠定基础。第二个发展阶段是细化阶段，其主要目的是对网络领域进行安全管理，该领域网络安全战略的相关文件可以追溯到2000年日本政府发布的《保护环境信息服务系统免受网络攻击行动计划》，该计划已经将网络安全问题提升到国家战略的高度上进行决策。在网络防御领域上的政策文件还有2010年日本政府发布的《防卫白皮书》。《防卫白皮书》从防御角度阐述了网络安全问题的重要性。其指导自卫队在发生武装攻击时应用自卫队的空间、网络、电磁等领域的技战术应对网络外部攻击。在网络外交领域，日本政府出台的《国家经济信息系统安全发展战略》确立了日本外务省的网络外交职责，指出外务省应推进网络法治化建设，建立领域信任机制并推动国际合作。日本政府针对此项职责设立了外务省外交政策局网络安全政策司。

总体来说，如今日本的信息技术产业相关政策法规已经制定得非常健全和明晰，其为本国信息产业不断发展提供了有力的法律制度保障。

（二）重点保护网信关键基础设施

20世纪90年代，日本将关键信息基础设施的保护提上日程，针对保护关键信息基础设施在立法、组织、检测及预警机制等领域建立了较为完备的政策体系。2011年，日本修订《刑法》，要求网络运营商应保存用户30天的上网记录，以有效应对垃圾邮件、计算机病毒等网络安全与隐私风险。如有必要情况，相关数据保存期限可再延长30天。2014年11月6日，日本国会通过《网络安全基本法》，规定电力、金融、网络运营商、政府等信息基础设施运营者有义务配合网络安全相关执法行动并提供相关情报，以便实现政府与业界联动，更有效地应对网络安全风险。

图8－3显示了世界主要国家有关立法对关键信息基础设施的概念界定，

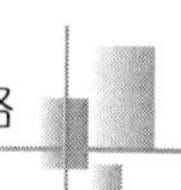

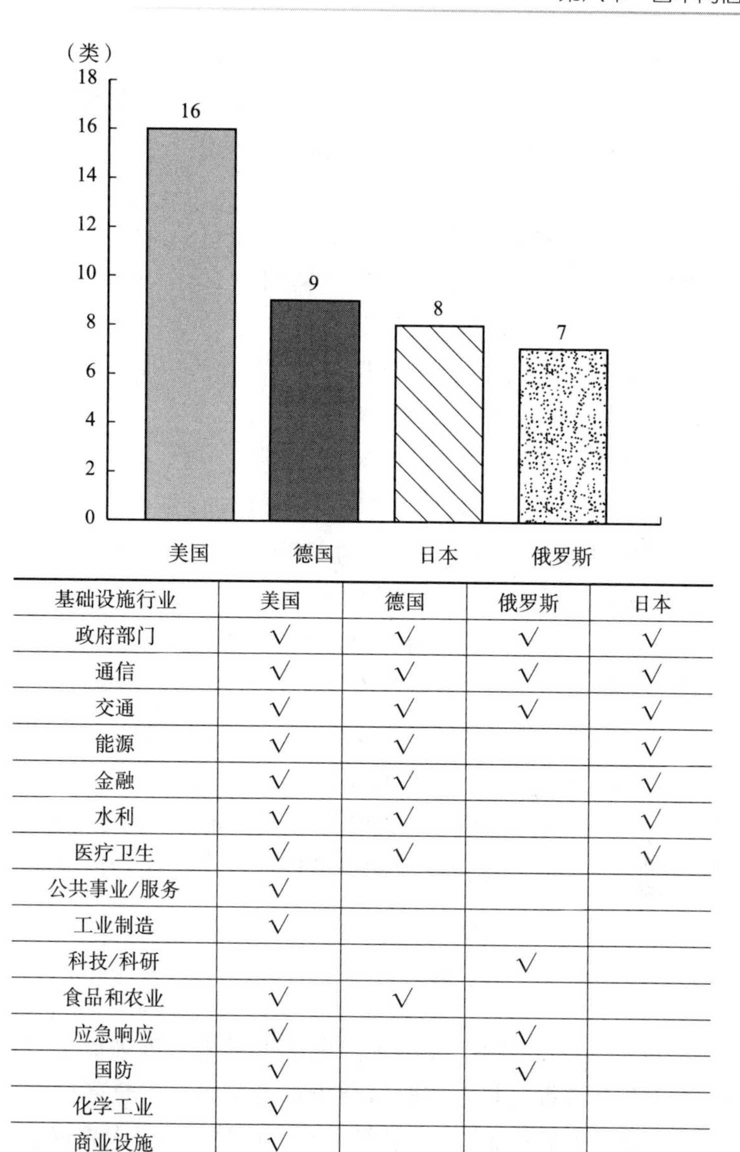

基础设施行业	美国	德国	俄罗斯	日本
政府部门	√	√	√	√
通信	√	√	√	√
交通	√	√	√	√
能源	√	√		√
金融	√	√		√
水利	√	√		√
医疗卫生	√	√		√
公共事业/服务	√			
工业制造	√			
科技/科研			√	
食品和农业	√	√		
应急响应	√		√	
国防	√		√	
化学工业	√			
商业设施	√			
信息技术	√			
核设施	√			
司法			√	
传媒与文化		√		
物流				√

图 8－3　世界主要国家有关立法对关键信息基础设施的分类

资料来源：作者根据相关官方资料整理绘制。

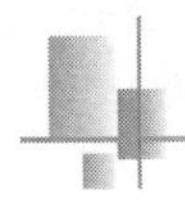

其中美国对关键基础设施做了多达16种分类，德国次之，9类；日本、俄罗斯分别以8类、7类位居其后。与美俄对比，日本在关键信息基础设施保护领域的行业划分倾向于关乎国计民生的重要领域，其中物流业也被列入其中，这是独一无二的。

在强化对关键基础设施的保护方面，日本政府采取了多项措施做好网络安全防护。值得一谈的是推进防护系统国产化。直到数年前，日本政企及军队所应用的基础信息系统国产化率只有10%左右。从2017年开始，日本开始实施关键信息系统与国防产品进口替代战略，推动配电网、铁路等关键基础设施的基础系统国产化。

日本在国产化进程中独具特色的是"藏军于民"，通过统一军用民用标准促进军民融合发展。在美国《国防教育新闻》周刊发布的《2019年全球发展军工技术企业100强排行榜》中，日本军工企业上榜3家，分别排名在第98、第99与第100名。在历史因素的影响下，日本有意掩盖自主军事生产的实力，但日本高科技发展规划中的大部分科研项目都与军事应用相关。日本具有巨大的军事生产潜力。

此外，日本还实施了继续加大安全研发投入等措施。为了支持网信领域私人企业的发展，日本政府增加了约25.5亿日元的开支，同时在政府积极引导下鼓励民间投资。同时日本继续强化与美国的网信合作，通过日本经济产业省"情报处理推进机构"与美国讨论网络安全协作计划。

（三）持续性改革研发投资机制

自2017年以来，日本政府为加大投资与研发力度采取了"科学技术创新转化"的政策，其中政府研究投资大概占日本全部研发投入的20%，远远超过了私营部门的总投资规模。而政府的巨大投资也对私营部门的投资与研发活动产生了很大的影响。在《科学技术创新综合战略》中，日本政府开始变革研发投资机制，从政府主导变为公私投资共同发展。而在《科学技术创新综合战略》中提出的关键举措就是"科学、技术和创新的公共—私人投资扩展计划"。作为政府科学、技术和创新政策"控制塔"的日本综合科学技术创新会议自此一直在努力扩大公共—私人研究与开发的规模投资，如在2018财年启动了网络空间

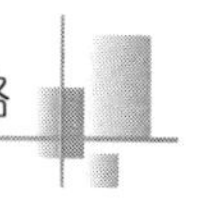

基础技术核心项目（PRISM）投资。

通过预算改革后，日本政府正力争以政府研发投资为杠杆积极引导民间资本投资，并不断对研发投资管理制度进行改革。有代表性的举措如推动大学及公立科研机构实现从研发到产业一体化；促进金融机构参与产学合作，拓展科研经费渠道；提高政府对公共资源的利用率，积极扶持中小企业；利用现代信息技术根据市场需求实现岗位需求，保障充分就业，并积极鼓励网络技术领域的创新创业活动，培育适应产学研一体化合作的人才。值得注意的是，在《科学技术创新综合战略》中，日本为了实现对研发投资的客观评价，引入了一系列的定量指标和评估系统，对政府研发投入的实施效果进行评估，以实现资源的合理配置。

（四）突出培育信息产业人才

日本优秀的互联网公司为其 IT 产业发展做出了巨大贡献。但是在世界 IT 技术与互联网行业日新月异的今天，日本在互联网领域与中国、美国仍有较大的差距，其中加大信息行业教育便是当下日本要亟须解决的事情。《科学技术创新综合战略》中专门对日本互联网产业人力资源领域的发展做出了规划，强调要加快推进大学改革，改善创新创业环境，加强 AI 人才培养等。在网络安全方面，该战略提出应使用共有人才进行评估与培育工作，借由产业界和学术界合作培育信息系统安全相关领域的管理人才，并规划设计人才的职业生涯。

三、积极向国际性网信标准靠拢

日本在其网信战略中将网络信息相关标准制定放在重要位置，力求通过实施知识产权相关战略、积极参与以物联网国际标准为代表的国际标准制定，实现标准合作深化，加强产业联系，推动国际标准体系的构建。

（一）大力推进知识产权战略制定

日本在《科学技术创新综合战略》中指出将加大力度推进知识产

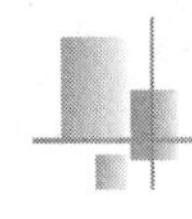

权战略和国际标准化，并且提出通过构建一个知识产权数据库，将接口与数据格式标准化。日本政府意识到，随着企业网络与信息活动的全球化和知识开放创新的深化，从提高产业竞争力和发展科学技术的角度出发，日本应大幅度提高知识产权管理的质量。特别值得关注的是，其鼓励公司不仅要利用自己的知识和技术资产，而且还要将其他公司的知识产权的使用纳入其商业模式，通过相关知识产权战略的实施实现价值最大化。这适应了超智能社会5.0对海量数据库的要求，有助于共享知识产权数据，最终充分发挥知识产权的社会经济价值。

（二）积极参与国际标准化规则制定

为了达成超智能社会5.0对全球社会的倡议，参与制定国际标准的重要性格外突出。

在与国外的数据保护、数据分发和知识产权战略保持一致的基础上，日本政府提出日本将建设完备的跨域数据交换平台，通过与学术界、产业界合作设计工具和方案，实现数据交换平台的国际标准化。为了保证日本公司能够在全球市场中的重要技术领域持续占据优势，提高日本企业的市场渗透率与国际标准化程度，日本政府将持续促进与大学和公共研究机构的合作，从技术研发阶段开始全面着手准备国际标准制定的相关事宜。随着物联网的发展，日本政府尤其注重积极推动物联网的国际标准化，并支持建立和验证相关技术领域的基本技术。

此外，为了加快中小企业优秀技术和产品的标准化，日本政府将建立一个全面的支持系统。其旨在服务企业从发现潜在项目到制定相关标准和认证的全阶段，并和地方政府、行业支持机构、认证机构和其他有关组织积极展开合作。政府也会透过业界、学术界的合作继续加强教育和培训工作，培育专业人才，以便日后承担制定国际标准化的责任。

第四节　高度重视网络安全基础设施管理

自20世纪90年代以来，日本持续关注关键信息基础设施保护，并已经逐步建立了以政策法律为基础，以组织机构体系建设为重点，以监

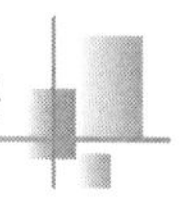

测预警和信息共享机制为支撑，以技术人员、资金支持为保障的网络安全基础设施保护制度。

一、网信安全上升至日本国策

随着通信科技的发展，网络空间已成为社会经济活动稳步开展的重要基础设施。个人电脑以及家用电器、汽车、机器人、智能仪表和其他各种设备越来越多地通过网络彼此连接，带来“现实世界”和网络空间的高度融合。因此，网络空间安全已经成为国家安全的重要组成部分，其重要性比以往任何时候更应得到关注。近年来，各类网络威胁不断增加，包括诈骗、盗取机密资料、针对重要资讯基础设施的网络攻击甚至某些不友善的政府发起或支持恶意网络攻击等。这些网络威胁影响着人们的生活，经济和社会活动，对日本的安全威胁也逐年增加。无论大众信息和通信技术水平如何，目前网络环境中存在的危险是显而易见的。超智能社会 5.0 中广泛的数据流通、共享的海量数据资源、国际的数据交流等都可能影响国家安全和个人信息安全。

针对网信监管，日本政府最早在 2003 年便发布了《信息安全总体战略》，将网络安全提升至国家安全的高度进行规划。① 为实现这一目标，日本于同年 5 月成立国家信息安全政策委员会（ISPC）。ISPC 于 2006 年发布了第一阶段的《信息安全基本规划》，提出“促进日本经济可持续发展”、“提高国民生活水平”和“应对信息安全威胁”三个基本目标，力求在全球范围内建设最高的信息安全环境。② 2009 年 2 月，ISPC 又推出《第二期信息安全管理基本工作计划》，重点针对企业面临的网络威胁提出建立一套完善的监控与应对机制。2010 年，ISPC 在根据过往经验与面临的挑战又制定了《国家信息安全保护战略》，以保护关键基础设施为抓手，保障日本的信息安全，这已经成为日本的一个重要国策。

① 龙凤钊. 2019 年主要国家网络信息安全保密法规和政策概览［J］. 保密科学技术，2019（12）：14 - 19.

② 韩宁. 日本网络安全战略［J］. 国际研究参考，2017（6）：35 - 42.

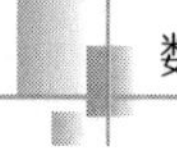

二、紧密依靠美国进行网络风险防范

由于历史遗留因素，日本的网络安全战略和其他大国略有不同之处。由于日美军事同盟关系，作为防范武装攻击领域的一块工作，在网络安全领域，日本与美国针对物理空间的风险防范一直进行着紧密合作。早在1978年，日本与美国便拟议制定了《日美防卫合作指针》。其主要强调物理空间网络安全风险的防御，并于1997年修订，以适应日美同盟关系发展的新需要。2015年，日本与美国为应对持续增长且跨国的网络安全风险，再次修订了该指针。新版《日美防卫合作指针》着重强调了双边响应、政府协作的机制设计及日美联盟的全球性质。此外值得注意的是，其首次提及将网络空间确定为国防合作领域。

根据《日美防卫合作指针》，日本自卫队和美军将：（1）对各自的网络系统运行状况开展实时监控；（2）促进专业领域知识分享、网络安全交流活动与教育活动；（3）保障各自网络系统全天候稳定运行，支持总体防卫战略目标实施；（4）双边政府就网络安全提高合作级别，深化合作领域；（5）举行双边演习，保障在风险时期的任何状况下双方均可进行密切沟通与协作，维护网络安全。

根据该指针，当日本企业、自卫队及驻日美军遭遇网络空间威胁时，日本应承担首要责任，积极解决问题，而美国将积极支持日本开展有关工作，双边将为解决实质问题积极展开协调沟通。当发生严重影响日本经济安全的网络安全事件时，日美政府将密切沟通，商议共同行动方案予以应对。从中可以看出，日本与美国在防范网络安全威胁方面的合作仍是非常密切的。

然而，与美国网络安全战略强调持续的外部参与相比，日本的网信战略总体而言仍呈现较为明显的内向性，更加关注内部风险防控。除了《日美防卫合作指针》，日本在2018年出台的《国家防卫计划指南》更加强调防范网络攻击对日本造成伤害，这与美国网信战略中强调对外参与及防范潜在对手的特点形成了较为鲜明的对比。为实现这一目标，《国家防卫计划指南》提出应建立多重网络安全防控机制，在物理空间、网络空间、电磁等各层级建立防御机制，培育防御力量，在和平时

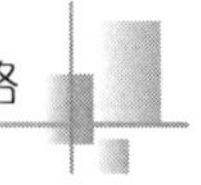

期及突发武装事件时得以保持系统稳定与宏观战略灵活实施。[①]

三、全面性的网络安全保障框架

（一）发展网络安全核心技术

为构建超智能社会，网络信息的分发、积累与处理技术作为信息技术中的基础，是构建信息服务平台、利用大数据创造附加值的关键。而对于网络基础技术的战略发展，日本在《集成创新战略》中从提高、培育、合作三个方面出发，积极推动网络安全基础技术走向世界前列。

值得注意的是，物联网技术一直是日本政府力求着重发展的核心技术。由于物联网技术具有漫长的生命周期，这侧面显示出日本在物联网领域具有显著的产业积累与技术优势。日本在《集成创新战略》中针对物联网技术的发展重点强调发展网络攻击监控与防御、系统认证、控制系统、加密、物联网设备安全、关键信息基础设施系统等领域的基础科技。日本政府将积极提高民众对网络安全技术的了解与对其重要性的认识，这不仅可以使民众增加对网络安全的认识，也将提高网络安全技术领域的人力资源开发水平，为社会经济活动抵御网络风险提供长期保障。

从具体措施层面，鉴于国际网络安全环境日益严峻，为了应对日本面临的各种安全挑战，日本政府首先将加强国内包括政府机构、工业界、学术界的合作，并在此基础上参与网络安全国际合作体系建设。

（二）严格保护网络空间安全

鉴于关乎日本国家安全的网络环境挑战日益严峻，日本为保障其国家与公民的安全，必须保护网络空间安全。在不断发展网络空间技术的基础上，加强对网络空间的监控是必要的举措。依靠收集网络攻击信息

---

① 王石，葛宏志，郭凯．世界主要国家网络安全战略研究及我国应对启示［J］．网信军民融合，2021（8）：29－32.

的“网络安全数据库”将有助于国家应对国际网络恐怖主义等网络攻击风险。

第五节　在国际电信联盟中的日本

一、积极参与国际互联网治理体系

（一）抢占根服务器话语权

IPv4 是互联网技术协议分析第四版（Internet Protocol Version 4）的简称。全球共有 13 个 IPv4 根服务器，其中 10 个在美国，英国、瑞典、日本各有 1 个。从 IP 地址的分配、互联网资源的分配上面能看出日本具有一定的话语权。

伴随 IPv4 向 IPv6 过渡升级的技术趋势，以架设 IPv6 根服务器为目标的“雪人工程”于 2016 年应运而生。“雪人工程”在原有 IPv4 网络的基础上，在中国、美国、日本、印度、俄罗斯等 16 个国家新增架设了 25 台 IPv6 根服务器，其中 3 台主根服务器分别位于美国、中国和日本。“雪人工程”促进了国际互联网向多边、民主、透明的治理体系发展，而日本作为 IPv4 与 IPv6 根服务器的双重节点，在国际互联网治理体系中也承担着重要的职责。

（二）争取网信技术制定话语权

日本不仅在互联网基础网络治理方面拥有显著的话语权，也在积极争取通信领域国际标准制定的主导权，占据技术应用制高点，培育产业竞争力及创新能力。以国际电信联盟等有关国际组织的统计数据为例，在 2019 年提交的有线通信标准技术文件中，日本的文件数量排名全球第四位。将尖端技术通过文件形式形成知识产权甚至行业标准，将使一国的行业发展在国际竞争中获得更大的话语权。

二、发力部署 6G 技术，激励企业研发创新

在 5G 技术研究领域，日本与国际领先水平相比相对落后。网络创意研究所（Cyber Creative Institute）的数据显示，在 5G 专利领域，三星拥有全球 8.9% 的专利，华为拥有全球 8.3% 的专利，高通拥有全球 7.4% 的专利，而日本的电信业龙头日本电报电话公司（NTT）排名第六，仅拥有 5.5% 的专利。然而，由于 5G 技术的巨大市场与其对于网络安全的重要性，日本也在 5G 及 6G 领域持续加大政策和资金投入，尤其注重促进核心技术研发。2020 年，日本政府提供 700 亿日元，支持日本企业推动 5G 技术的发展应用。在 2020 年税制改革中，日本规定通信运营商的 5G 基站建设投资将享受额外的税收抵扣，有力激励了日本通信企业在 5G 赛道上追赶创新。

6G 技术作为继 5G 技术后的下一代通信技术，其信息传输速率将比 5G 快百倍，有希望引领下一场信息技术与产业革命。日本企业由于在 5G 时代落后，所以积极吸收华为被美国与欧洲国家制裁的教训，采取与美国捆绑的市场策略，力求在新一代通信技术与行业标准制定中分一杯羹。例如 2019 年，NTT 和索尼与美国英特尔公司达成合作，共同研发 6G 技术。日本企业尤其聚焦于超高速通信技术，目前 NTT 公司已经具备 6G 芯片研发与量产的能力。另外，日本 KDDI 电信公司也与美国亚马逊公司达成了合作，共同建设部署亚马逊云服务（AWS）云服务器的边缘计算网络。

在政府方面，日本政府总务省于 2020 年正式发布“Beyond 5G 推进战略”，目标为推进 5G 及 6G 技术的研发与应用，力争日本 6G 通信基站数量在全世界的占比从 2% 提升到 30%，在 6G 领域专利中占据 10% 的份额。此外，日本政府还下设 6G 技术研究会，统筹 6G 技术所需要的各项生产要素，在广泛调研的基础上制定积极的产业政策，激励企业达成 6G 技术研发与网络部署的目标。

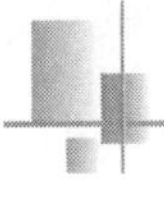

三、坚持紧靠美国，支持通信产业发展

在通信领域，决定一国产业规模大小与产业链价值的并非设备制造与商业运营能力，而是在国际标准制定中的话语权。通信标准历来是各个强国竞相角逐与博弈的焦点。在3G标准制定时，美国与韩国力推CDMA2000标准，而欧洲主张WCDMA标准，两方阵营一时争执不休，而中国主推的TD-SCDMA技术最终成为3G标准之一。而在4G标准制定时又出现了类似的情况，高通和英特尔两家美国企业力推各自主导的技术标准，然而争执之下，美国提议的两项技术标准最终都未成为国际标准，反而是中国的TD-LTE技术获得认可。围绕通信国际标准的竞争不仅是技术竞争，也是各国政治、经济与综合国力的竞争。对此，日本始终坚持与美国结盟的合作战略，依靠美国先进的技术、产业积淀与国际话语权支持国内的信息技术产业发展。

主要参考文献

［1］白利芳，唐刚，闫晓丽．数据安全治理研究及实践［J］．网络安全和信息化，2021（2）：46－49.

［2］鲍斌，张世平．『三无战争』向我们走来——对未来三十年战争形态发展的一种分析［J］．中国军事科学，2010（2）：151－156.

［3］布莱恩·阿瑟．复杂经济学：经济思想的新框架［M］．贾拥民，译．杭州：浙江人民出版社，2018.

［4］布莱恩·阿瑟．技术的本质：技术是什么，它是如何进化的（经典版）［M］．曹东溟，王健，译．杭州：浙江人民出版社，2018.

［5］蔡翠红．美国国家信息安全战略的演变与评价［J］．信息网络安全，2010（1）：71－73.

［6］蔡乾和，黄英，徐海琛．技术基础设施的概念、类型及政策框架［J］．湖北函授大学学报，2012，25（8）：69－70.

［7］陈硕颖．试析新自由主义支撑下的美元霸权［J］．高校理论战线，2012（11）：19－22.

［8］方滨兴，时金桥，王忠儒，余伟强．人工智能赋能网络攻击的安全威胁及应对策略［J］．中国工程科学，2021，23（3）：60－66.

［9］格物资本．美国霸权下的金钱与权力［R/OL］．［2020－09－27］．https：//ishare.ifeng.com/c/s/v002wCM12GBdvQopeeT5PsNtEN49-pbCAFl9FFiqwdOeuZeY.

［10］郭朝先，王嘉琪，刘浩荣．“新基建”赋能中国经济高质量发展的路径研究［J］．北京工业大学学报（社会科学版），2020，20（6）：13－21.

［11］国家电网办．国家电网有限公司关于新时代改革“再出发”加快建设世界一流能源互联网企业的意见［EB/OL］．（2019－1－21）

[2022-5-11]. http://www.sgcc.com.cn/.

[12] 国家发改委. 推动国家质量基础设施建设的政策建议 [EB/OL]. (2020-11-11) [2022-4-20]. https://www.ndrc.gov.cn/xxgk/jd/wsdwhfz/202012/t20201218_1253060.html? code=&state=123.

[13] 韩宁. 日本网络安全战略 [J]. 国际研究参考, 2017 (6): 35-42.

[14] 惠志斌. 美国网络信息产业发展经验及对我国网络强国建设的启示 [J]. 信息安全与通信保密, 2015 (2): 23-25.

[15] 嘉科. 中科院50名科学家走进嘉善打造高能级创业创新平台 [J]. 今日科技, 2020 (10): 54.

[16] 江迪蒙. 金融支持、经济结构调整与中等收入陷阱规避 [D]. 厦门大学, 2014.

[17] 雷波, 赵倩颖, 赵慧玲. 边缘计算与算力网络综述 [J]. 中兴通讯技术, 2021, 27 (3): 3-6.

[18] 李小华. 观念与国家安全: 中国安全观的变化 (1982~2002) [D]. 中国社会科学院, 2003.

[19] 刘佳骏. 融合基础设施让"传统"走向"智慧" [N]. 中国城乡金融报, 2020-06-05 (A7).

[20] 刘婷婷, 戴慎志, 宋海瑜. 智慧社会基础设施新类型拓展与数据基础设施规划编制探索 [J]. 城市规划学刊, 2019 (4): 95-101.

[21] 刘尧, 许正中. 数字社会的六大变革 [N]. 学习时报, 2020-12-25 (3).

[22] 刘影, 吴玲. 全球网络空间治理: 乱象、机遇与中国主张 [J]. 知与行, 2019 (1): 62-67.

[23] 龙凤钊. 2019年主要国家网络信息安全保密法规和政策概览 [J]. 保密科学技术, 2019 (12): 14-19.

[24] 吕廷杰, 刘峰. 数字经济背景下的算力网络研究 [J]. 北京交通大学学报 (社会科学版), 2021, 20 (1): 11-18.

[25] 马长山. 数字社会的治理逻辑及其法治化展开 [J]. 法律科学 (西北政法大学学报), 2020 (5): 3-16.

[26] 马其家, 刘飞虎. 数据出境中的国家安全治理探讨 [J]. 理

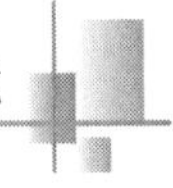

论探索，2022（2）：105－113.

［27］潘教峰，万劲波．构建现代化强国的十大新型基础设施［J］．中国科学院院刊，2020，35（5）：545－554.

［28］潘教峰，万劲波．新基建如何实现代际飞跃［J］．瞭望，2020（16）.

［29］赛迪智库网络安全研究所．我国关键信息基础设施安全保护现状、问题及对策建议［N］．中国计算机报，2021－3－29（8）.

［30］山栋明．关于数字化转型赋能高质量发展的几点思考——解读《推动工业互联网创新升级实施“工赋上海”三年行动计划》［J］．上海质量，2020（9）：20－23.

［31］上海市发改委．2020年上海市重大建设项目清单［EB/OL］．（2020－02－21）［2022－5－11］．https：//fgw. sh. gov. cn/fgw_zdjsxmqd/20211030/9f3ebd009f4a47a2981a152e011c3427. html.

［32］施展．破茧［M］．长沙：湖南文艺出版社，2020.

［33］孙大伟．夯实国家质量技术基础深入推进科技质检建设［EB/OL］．（2016－4－19）［2022－4－20］．https：//www. cqn. com. cn/zgzlb/content/2016－04/19/content_2822032. htm.

［34］孙艺新．发展能源电网新型基础设施建设的战略方向与行动建议［J］．中国电力企业管理，2020（10）：22－25.

［35］通信世界全媒体．面向2030年泛在超融合未来网络更智能［EB/OL］．（2020－9－11）［2022－5－11］．https：//tech. sina. com. cn/roll/2020－09－11/doc－iivhuipp3681031. shtml.

［36］仝晓波．能源新基建新在哪？这些行业大咖告诉你！［N］．中国能源报，2020－09－28（30）.

［37］汪红蕾．高屋建瓴推动工程建设标准国际化［J］．建筑，2018（23）：12－16.

［38］王保乾，李含琳．如何科学理解基础设施概念［J］．甘肃社会科学，2002（2）：62－64.

［39］王驰，曹劲松．数字新型基础设施建设下的安全风险及其治理［J］．江苏社会科学，2021（5）：88－99＋242－243.

［40］王石，葛宏志，郭凯．世界主要国家网络安全战略研究及我

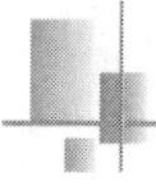

国应对启示［J］. 网信军民融合，2021（8）：29－32.

［41］王思源，闫树. 隐私计算面临的挑战与发展趋势浅析［J］. 通信世界，2022（2）：19－21.

［42］王智民. “新基建”推动安全能力向智能化发展［J］. 互联网经济，2020（7）：98－101.

［43］魏亮，戴方芳，赵爽. “新基建”定义网络安全技术创新新范式［J］. 中国信息安全，2020（5）：38－40.

［44］习近平. 把握数字经济发展趋势和规律推动我国数字经济健康发展［N］. 人民日报，2021－10－20（1）.

［45］习近平. 勠力战疫共创未来——二十国集团领导人第十五次峰会第一阶段会议重要讲话［N］. 人民日报，2020－11－22（2）.

［46］习近平. 在网络安全和信息化工作座谈会上的讲话（2016年4月19日）［M］. 北京：人民出版社，2016.

［47］许正中，李连云，刘蔚. 构建水资源数联网创新国家水治理体系［J］. 行政管理改革，2020（9）：68－77.

［48］薛惠锋. 从“互联网”到“星融网”：在党的十九大旗帜下迎接网信强国的未来［J］. 网信军民融合，2018，4（1）：26－29.

［49］闫德利. “新基建”：是什么？为什么？怎么干？［EB/OL］.（2020－3－19）［2020－4－15］. https：//www. tisi. org/13457.

［50］阎学通. 2019年开启了世界两极格局［J］. 现代国际关系，2020（1）：6－8.

［51］杨虎涛. 数字经济的增长效能与中国经济高质量发展研究［J］. 中国特色社会主义研究，2020（3）：21－32.

［52］杨洁. 吴建平. 一体化融合网络的发展与思考［J］. 中国教育网络，2018（5）：27－28.

［53］杨燕婷. 中国工程院院士方滨兴从三维九空间视角重新定义网络空间安全［J］. 中国教育网络，2018，（10）：14－16.

［54］叶战备. 网络安全和信息化工作的引领思想——习近平总书记关于网信事业发展的重要论述及特色［J］. 学习论坛，2019（2）：5－12.

［55］尹建国. 美国网络信息安全治理机制及其对我国之启示［J］. 法商研究，2013，30（2）：138－146.

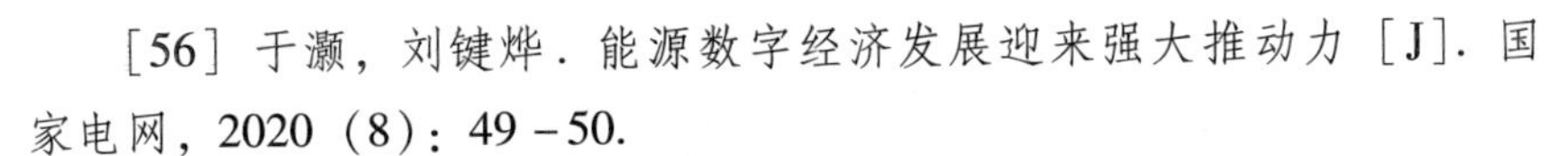

［56］于灏，刘键烨．能源数字经济发展迎来强大推动力［J］．国家电网，2020（8）：49－50.

［57］袁胜．以“内生安全”框架助“新基建”数字化转型［J］．中国信息安全，2020（8）：80－81.

［58］云南省发改委．云南省启动实施基础设施“双十”重大工程［EB/OL］．（2020－2－25）［2022－3－10］．http：//yndrc. yn. gov. cn/ynfzggdt/39936.

［59］翟蒙．浅析信息安全深度防御发展趋势［J］．航空动力，2020（5）：73－75.

［60］詹姆斯·亚当斯．下一场世界战争：计算机是武器，处处是前线［M］．军事科学院，译．北京：北方妇女儿童出版社，2001.

［61］张国良，王振波．美国网络和信息安全组织体系透视（上）［J］．信息安全与通信保密，2014（3）：64－69.

［62］张舒，刘洪梅．中美网络信息安全政策比较与评估［J］．信息安全与通信保密，2017（5）：68－79.

［63］张晓菲，李斌，王星．美国网络安全人才队伍建设状况［J］．中国信息安全，2015（9）：84－86.

［64］赵丽．如何加快传统基础设施向“新基建”融合基础设施转变［J］．互联网天地，2020（6）：24－27.

［65］赵鹏．数字技术的广泛应用与法律体系的变革［J］．中国科技论坛，2018（11）：18－25.

［66］赵勇．量子通信技术助力“新基建”信息安全［J］．中国信息安全，2020（7）：33－35.

［67］中国电子信息工程科技发展十四大趋势发布［J］．网信军民融合，2021（1）：55.

［68］中国信息通信研究院、华为技术有限公司．数据基础设施白皮书 2019［R/OL］．（2019－11－1）［2022－5－11］．http：//www. caict. ac. cn/kxyj/qwfb/bps/201911/P020191118645668782762. pdf.

［69］周鸿祎．建立新一代安全能力框架形成国家网络空间“反导系统”［EB/OL］．（2021－7－27）［2022－5－11］．https：//www. 360kuai. com/pc/966b0f17d0e689110？cota＝3&kuai_so＝1&sign＝360_57c3bbd1&refer_

scene = so_1.

［70］周辉．网络隐私和个人信息保护的实践与未来——基于欧盟、美国与中国司法实践的比较研究［J］．治理研究，2018，34（4）：122 – 128.

［71］周孝信．新一代电力系统与能源互联网［J］．电气应用，2019，38（1）：4 – 6.

［72］Kanevskaia O. Governance of ICT Standardization：Due Process in Technocratic Decision – Making［J］. SSRN Electronic Journal，2019，45（3）：549 – 618.

［73］Lewis，A. M.，Ferigato，C.，Travagnin，M. & Florescu，E. The Impact of Quantum Technologies on the EU's Future Policies：Part 3 Perspective for Quantum Computing［R/OL］. 2018. https：//publications. jrc. ec. europa. eu/repository/handle/JRC110412.

［74］Mi-jin，K.，Heejin，L.，Jooyoung，K. The Changing Patterns of China's International Standardization in ICT under Techno-nationalism：A Reflection through 5G Standardization［J］. International Journal of Information Management，2020，54（6）：102 – 145.

［75］PHYS. ORG. The World's First Integrated Quantum Communication Network［EB/OL］.（2016 – 04 – 19）［2022 – 5 – 6］. https：//phys. org/news/2021 – 01 – world – quantum – network. html.

［76］Ruguo F.，Yuehan T，Huayan G.. Synergetic Innovation in Social Governance in a Complex Network Structural Paradigm［J］. Social Sciences in China，2016，37（2）：99 – 117.

［77］U. S. Federal Deposit Insurance Corporation，Division of Research and Statistics. The LDC Debt Crisis. Chapter. 5 in History of the Eighties – Lessons for the Future，Volume I：An Examination of the Banking Crises of the 1980s and Early 1990s［M］. Washington，DC：Federal Deposit Insurance Corporation，1997.

后　记

本书是中央党校与中央网信办合作形成的阶段性成果的重要支撑性研究发现。许正中教授是课题组组长。许多重要的行业管理者和实践者对本书的编写都有很大贡献。以下人士来自支持我们“数字社会基础设施”课题组的被调研机构，他们为本书提供了睿智的思想。

按照调研时间，他们是：华为的李大丰副总裁；新华社中国经济信息社李月副总裁，政务服务平台运营部杨光主任，经济智库事业部金雷总经理，政务智库事业部王萌副总经理；中国信息通信研究院王晓丽副书记、王爱华副总工程师，政经所孙克副所长、汪明珠副主任，产业与规划所陈辉副所长，科技发展部王坤主任、王秋实主管、唐雷主管；中国电子信息产业研究院乔标副院长，信软所姚磊所长，电子信息研究所陆峰副所长；中国金融认证中心姚燕总监、张大健技术专家；中国电信科技创新部王桂荣总经理，办公室周雪峰副主任、办公室新闻宣传处刘晖平处长，科技创新部技术战略处史凡处长；中兴通讯林晓东副总裁，公共事务部刘思川总经理、赵勇技术总监、国际业务杨祁乐副总监；中国软件符兴斌总经理、史殿林总工程师，研究院周献民副院长、程序副院长、云计算实验室阮开利主任、办公室刘斌副主任、党群部李阳副主任；阿里研究院高红冰院长、谭崇钧副院长，数字经济研究中心安琳主任，教研共创中心杨军主任、官晓姝高级行业研究专家，数字经济税收研究中心张凌霄主任；腾讯研究院王爱民副院长、李刚副院长、吴绪亮首席经济顾问，前沿科技研究中心王强主任、吴鑫高级研究员，合作与发展中心段宝龙副主任；无锡数字经济研究院吴琦执行院长，宏观研究中心任大明研究员、林超楠研究员；万国数据蒋南风副总裁、姚兰助理副总裁、任毅高级总监；三一智造王龙刚总经理、李俐璋副书记、吴志杰部监、杨阳部监，三一集团赵运阔经理；苍穹数码徐文中董事长、王

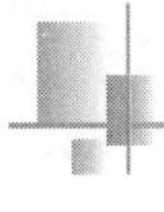

刚副总经理、徐英泽副总经理、李英杰业务主管；广联达科技刁志中董事长；启迪控股刘雪良总监，启迪中德产业园刘红执行总经理、陈聪总监；莱茵科斯特马一平总监。

参加本书撰写和调研的人员有：工信产业研究院何宁博士；对外经济贸易大学全球创新与治理研究院金夷博士、王晓晓博士、闫芳芳博士、付月博士、包卡伦博士、李佳鑫博士、刘赫硕士、徐静宜硕士、张晓琦硕士。参加本书调研的人员有：中央党校（国家行政学院）经济学教研部李蕾教授、张慧君教授、徐杰教授、杨振教授、汪彬副教授、马德隆博士、赵威逊博士；国家发改委宏观经济研究院赵斌助理研究员；北京市协同发展服务促进会李伟秘书长。

限于水平、能力、时间和掌握的资料，出现不足和错误之处在所难免，还望大家批评指正并多提宝贵意见。